V. S. Letochow
Laserspektroskopie

Dierck-Ekkehard Liebscher
Relativitätstheorie mit Zirkel und Lineal

Wolfgang Meiling
Digitalrechner in der elektronischen Meßtechnik
Teil 1: Meßmethodik
Teil 2: Gerätetechnik und Anwendungen

L. I. Miroschnitschenko
Kosmische Strahlen im interplanetaren Raum

Peter Paufler
Gustav E. R. Schulze
Physikalische Grundlagen mechanischer Festkörpereigenschaften
Teil I und II

Ulrich Röseberg
Quantenmechanik und Philosophie

Albrecht Rost
Messung dielektrischer Stoffeigenschaften

J. V. Sačkov
Wahrscheinlichkeit und Struktur

E. M. Sawizki
Perspektiven der Metallforschung

Wolfgang Schäfer
Theoretische Grundlagen der Stabilität technischer Systeme

Ernst Schmutzer
Symmetrien und Erhaltungssätze der Physik

Volkmar Schuricht
Kernexplosionen für friedliche Zwecke

Norbert Sieber
Hans-Peter Leidhold
Einführung in die Datenverarbeitung

Gerhard Wunsch
Zellulare Systeme

Festkörperphysik
Entwicklungstendenzen und Anwendungsmöglichkeiten

Horst Melcher
Albert Einstein wider Vorurteile und Denkgewohnheiten

Die Schöpfer der physikalischen Optik
Eine Artikelsammlung

Hans-Georg Schöpf
Von Kirchhoff bis Planck

Renate Wahsner
Mensch und Kosmos
Die copernicanische Wende

Helmut Friemel / Josef Brock
Grundlagen der Immunologie

Eberhard Hofmann
Funktionelle Biochemie des Menschen
Band 1 und 2

Lothar Jäger
Grundlagen der Klinischen Immunologie

Karlheinz Lohs
Dieter Martinetz
Entgiftung – Mittel, Methoden und Probleme

Joachim Nitschmann
Entwicklung bei Mensch und Tier

Stephan Schnitzler
Pharmakologische Aspekte von Immunreaktionen

Dieter Spaar
Helmut Kleinhempel
Hans Joachim Müller
Klaus Naumann
Bakteriosen der Kulturpflanzen

Eberhard Teuscher
Pharmakognosie
Teil I–III

Michael Theile
Siegfried Scherneck
Zellgenetik

Heinrich Bremer
Klaus-Peter Wendlandt
Heterogene Katalyse

Peter Birner
Hans-Jörg Hofmann
Cornelius Weiss
MO-theoretische Methoden in der organischen Chemie

Günter Eppert
Einführung in die Schnelle Flüssigchromatographie

Gerhard Geiseler / Heinz Seidel
Die Wasserstoffbrückenbindung

Helmut Hrapia
Einführung in die Chromatographie

Hans Luppa
Grundlagen der Histochemie
Teil I und II

Burkart Philipp
Gerhard Reinisch
Grundlagen der makromolekularen Chemie

Horst Remane / Rainer Herzschuh
Massenspektrometrie in der organischen Chemie

Adolf Zschunke
Kernmagnetische Resonanzspektroskopie in der organischen Chemie

Vorschau auf die nächsten Bände:

Heinrich Arnold
Physikalische Chemie der Halbleiter

Horst-Heino von Borzeszkowski
Renate Wahsner
Newton und Voltaire

Werner Döpke
Dynamische Aspekte der Stereochemie organischer Verbindungen

Gottfried Fritzsche
Entwurf aktiver Analogsysteme
Netzwerke III

Falko H. Herrmann
Marina Herrmann
Das Hämoglobin des Menschen

Gerhard Jackisch
Johann Heinrich Lamberts „Cosmologische Briefe“ mit Beiträgen zur Frühgeschichte der Kosmologie

Das Neutron
Eine Artikelsammlung

Volker Nollau
Semi-Markovsche Prozesse

Robert Rompe
Hans-Jürgen Treder
Über Physik – Studien zu ihrer Stellung in Wissenschaft und Gesellschaft

Rainer Sinz
Chronopsychophysiologie, Chronobiologie und Chronomedizin

Hubertus Stolz
Supraleitung

WTB

BAND 191

Dieter Leuschner

Grundbegriffe der Thermodynamik

Mit 17 Abbildungen und 6 Tabellen

AKADEMIE-VERLAG · BERLIN

Reihe MATHEMATIK UND PHYSIK

Verfasser:
Dr. rer. nat. Dieter Leuschner
Akademie der Landwirtschaftswissenschaften der DDR

1979
Erschienen im Akademie-Verlag, 108 Berlin, Leipziger Str. 3–4

Lizenznummer: 202 · 100/435/79
Herstellung: VEB Druckhaus „Maxim Gorki", 74 Altenburg
Bestellnummer: 762 340 8 (7191) · LSV 1144
Printed in GDR
DDR 8,– M

Geleitwort

Die klassische Thermodynamik, geschaffen durch die Arbeiten vieler bedeutender Gelehrter, unter denen die deutschen Wissenschaftler eine besondere Stellung einnahmen, erfuhr durch ihre Anwendung in vielen Gebieten der Wissenschaft und Technik eine weite Verbreitung. Ungeachtet dessen besitzt die klassische Thermodynamik nur einen begrenzten Anwendungsbereich, da sie sich auf die Beschreibung der Gleichgewichtsprozesse beschränkt, der größte Teil der realen physikalischen, chemischen und biologischen Prozesse jedoch irreversibel verläuft. Gegenwärtig wird auf dem Gebiet der Thermodynamik der irreversiblen Prozesse mit wachsender Intensität gearbeitet. Es besteht die berechtigte Hoffnung, daß in nicht allzu ferner Zukunft eine thermodynamische Theorie entstehen wird, welche die Mehrheit der in der Natur ablaufenden irreversiblen Prozesse umfaßt. Es ist deshalb erforderlich, die jungen heranwachsenden Wissenschaftler mit dem Problemkreis der Thermodynamik vertraut zu machen. Dazu wird, wie ich meine, dieses Taschenbuch von Dieter Leuschner „Grundbegriffe der Thermodynamik“ beitragen.

Das Buch macht den Leser in knapper und verständlicher Form sowohl mit den Grundlagen der klassischen Thermodynamik als auch mit einigen gegenwärtigen Problemen der linearen und nichtlinearen thermodynamischen irreversiblen Prozesse bekannt. Die für die Thermodynamik charakteristischen Methoden und Verfahren der Beweisführung werden ausführlich beschrieben. Es wird kurz auf die Anwendungsgebiete der klassischen Thermodynamik und auf die Bereiche, in denen eine Nutzung der heutigen Thermodynamik möglich ist, eingegangen. So können aus diesem Buch die Anfangskenntnisse geschöpft werden, die den Zugang zur modernen Thermodynamik ermöglichen. Diese Kenntnisse sind auch für den ausreichend, der den hohen Stand der Thermodynamik für praktische Zwecke nutzen will. Ich möchte noch die besondere Bedeutung der Verbreitung der Thermodynamik in der DDR hervorheben. In der Vergangenheit schufen hervorragende deutsche Gelehrte die Grundlagen dieser Wissenschaft. Die heutige Generation der Wissenschaftler in der DDR liefert einen würdigen Beitrag zu dem sich rasch entwickelnden Zweig der Thermodynamik der nichtlinearen irreversiblen Prozesse.

Prof. A. I. Zotin
Moskau

Vorwort

Das vorliegende Taschenbuch enthält eine Zusammenstellung und Erläuterung elementarer Grundbegriffe der Thermodynamik, deren Kenntnis weiterführende Studien ermöglicht.

Es wurde dabei der „klassische“ (phänomenologische Theorie und anschließende statistische Begründung) und nicht der von der Informationstheorie bzw. Quantenstatistik ausgehende Weg gewählt. Die Gesetzmäßigkeiten der Thermodynamik, aufbauend auf den grundlegenden Begriffen einschließlich Maßeinheiten, sind axiomatisch in Form von Existenzsätzen formuliert. Zugehörige Erläuterungen folgen jeweils. Die statistische Thermodynamik ist anschließend kurz behandelt, während die technische Thermodynamik nur sporadisch erwähnt werden konnte. Den Abschluß bilden Anwendungsbeispiele und ein Anhang, in dem einiges gebracht ist, was sich nicht in den Rahmen von Kap. 2 einbauen ließ.

Die Methodik ist teilweise deduktiv, teilweise induktiv. Die Verwendung der Symbole erfolgte nach F. Hund: E für die Energie (vgl. auch Glansdorff und Prigogine; wegen der Verwendung von E in der statistischen Thermodynamik, vgl. Teil 3, ist das gleiche Symbol auch in der phänomenologischen Thermodynamik benutzt) und A für die Arbeit.

Zum Abschluß möchte ich denen danken, die mich bei der Entstehung des Büchleins unterstützt haben: Prof. D. S. Chernavskij, Prof. M. Eigen, Prof. I. Prigogine, Prof. A. I. Zotin für fachliche Förderung, Prof. Dr. Dr. h. c. G. Friedrich für sein langjähriges, förderndes

Interesse, Prof. Dr. N. ELSNER, Doz. Dr. P. PAUFLER, Dr. SCHNEIDER und Prof. Dr. H. ULBRICHT für kritische Hinweise, Frau Dipl.-Phys. U. HEILMANN für gute Zusammenarbeit mit dem Verlag.

DIETER LEUSCHNER

Inhaltsverzeichnis

1. Einführung

Zur exakten Formulierung thermodynamischer Gesetze bzw. zu deren Verständnis sind einige Grundkenntnisse nötig, die die physikalischen Größen und die speziellen thermodynamischen Begriffe betreffen. In diesem ersten Teil wird zunächst im Kapitel 1.1 etwas zu den thermodynamischen Grundgrößen gesagt. Darauf aufbauend werden entsprechende abgeleitete Größen behandelt. Besondere Aufmerksamkeit ist anschließend den verschiedenen Konzentrationsmaßen gewidmet. Kapitel 1.2 bringt dann grundlegende thermodynamische Begriffe wie thermodynamisches System, Zustand, bis hin zur thermodynamischen Arbeit.

1.1. Voraussetzungen

Das thermische Vierersystem (vgl. Oberdorfer, 1969) mit zugehörigen *SI-Einheiten* (*Internationale Einheiten*, die 1960 festgelegt worden sind) wird hier als Ausgangspunkt für alle wichtigen thermodynamischen Größen gewählt.

1.1.1. Thermisches Vierersystem

Die Wärmeerscheinungen werden gemäß *Konvention* durch die drei mechanischen Grundgrößen Länge, Zeit, Masse und eine spezielle vierte Grundgröße, die Temperatur (vgl. 2.1) beschrieben. Obwohl sich die Temperatur mechanisch-statistisch auf die drei genannten mechanischen Größen zurückführen läßt, sprechen Zweckmäßigkeitsgründe für die Wahl eines Vierersystems unter Einbeziehung gerade der Temperatur. In Tab. 1 sind außer den vier genannten Größen noch die drei weiteren Grundgrößen des Internationalen Einheitensystems aufgeführt. Obendrein sind die zugehörigen Basiseinheiten mit ihren Abkürzungen wiedergegeben.

Tabelle 1

Grundgrößen und -einheiten des Internationalen Maßsystems (Système International d'Unités): Größensymbol kursiv, Einheitensymbol steil, Einheitszeichen von Eigennamen große Buchstaben, sonst kleine Buchstaben, Grundgrößen sind durch Konvention festgelegt

Grundgröße	mögliches Symbol	Grundeinheit	Abkürzung
Länge	l	Meter	m
Zeit	t	Sekunde	s
Masse	m	Kilogramm	kg
Stoffmenge	n	Mol	mol
elektrischer Strom	I	Ampere	A
thermodynamische Temperatur	T	Kelvin	K
Lichtstärke	L	Candela	cd

Jede *physikalische Größe* ist ein Produkt aus *Zahlenwert* (*Maßzahl*) und *Einheit* (*Maßeinheit*). Man sollte prinzipiell Größengleichungen bevorzugen, weil diese einheiteninvariant sind. Ein Beispiel für eine Größengleichung ist:

$$n = \frac{m}{M} \tag{1.1}$$

mit M als der molaren Masse. Die zugehörige Zahlenwertgleichung bzw. Einheitengleichung lautet:

$$\{n\} = \frac{\{m\}}{\{M\}} \quad \text{bzw.} \quad [n] = \frac{[m]}{[M]},$$

wobei z. B. angegeben werden muß, daß m in kg, M in kg/mol und n in mol gemessen wird. Die geschwungenen (bzw. eckigen) Klammern bedeuten die Maßzahlen (bzw.

-einheiten). Sogenannte dimensionslose Größen sind durch ihre Maßzahl eindeutig festgelegt. Beispiele sind der Molenbruch oder die Teilchenzahl (vgl. (1.9) und (1.2)). Für 1.1.3. ist bei Vorliegen mehrerer „Stoffe“ (Index i) noch die Kenntnis von

$$n_i = \frac{m_i}{M_i}, \tag{1.1a}$$

$$m = \sum_i m_i, \tag{1.1b}$$

$$n = \sum_i n_i \tag{1.1c}$$

nötig. Der Index i kann, wie später in 1.2.1. ausgeführt wird, als Symbol für den Index $k \triangleq$ *Komponente* und den Index $f \triangleq$ *Phase* gedacht werden, aber er kann auch nur der Zählung der Komponenten dienen. Für Gleichungen wie (1.1b) und (1.1c) wird meistens beides in Frage kommen, während sich eine Gleichung wie (1.1a) häufig nur auf die zweite Möglichkeit bezieht (zu einer Komponente k und nicht zu einer Komponente k in einer bestimmten Phase f gehört eine molare Masse).

1.1.2. Abgeleitete Größen

Für die Behandlung thermodynamischer Probleme sind außer den *Grundgrößen* noch einige aus diesen durch Bildung von Potenzprodukten hervorgehende *abgeleitete Größen* wichtig. Eine Auswahl ist in Tab. 2 wiedergegeben. Die beiden letzten Größen müssen noch besonders erwähnt werden. Es handelt sich um die *Wärme* (oder *Wärmemenge*), die von der Dimension einer Arbeit (vgl. 2.2) ist, und um die *Entropie*, die die Dimension Arbeit (Energie) durch Temperatur (vgl. 2.3) besitzt.

Für die Entropie existiert keine besondere Einheit.

Tabelle 2

Abgeleitete Größen und Einheiten (nicht mehr gültig sind: 1 atm = 1,01325 bar = 101325 Pa; 1 cal = 4,187 J)

Beispielgröße	Einheitenname	Einheitenzeichen	Definition
Kraft	Newton	N	kg m s^{-2}
Druck	Pascal	Pa	N m^{-2}
Arbeit	Joule	J	Nm
Leistung	Watt	W	Js^{-1}
elektr. Ladung	Coulomb	C	As
elektr. Potential	Volt	V	JC^{-1}
elektr. Widerstand	Ohm	Ω	VA^{-1}
magnet. Fluß	Weber	Wb	Vs
Wärme	Joule	J	Nm
Entropie	–	–	JK^{-1}

1.1.3. Zusammensetzung

Thermodynamische Systeme sind häufig heterogen bzgl. ihrer Zusammensetzung in chemischer und physikalischer Hinsicht. Zur Beschreibung der verschiedenen Anteile („Stoffe" oder „Substanzen", zur exakteren Klassifizierung bzgl. Komponente und Phase vgl., wie gesagt, 1.2.1.) sind verschiedene *Konzentrationsmaße* eingeführt worden. Bevor wir auf diese zu sprechen kommen, muß noch etwas zum Zusammenhang der drei Größen *Masse*, *Menge* (*Stoffmenge*) und *Teilchenzahl* gesagt werden. Liegt nur ein Stoff (der Masse m) vor, so ergibt sich die entsprechende Menge n nach Gl. (1.1). Für das Kohlenstoffnuklid C^{12} gilt per definitionem $M = 12$ g mol^{-1}. Für alle anderen Substanzen wird M durch Vergleich mit C^{12} ermittelt, wobei das *Mol* als diejenige Menge einer gegebenen Substanz definiert ist, in der dieselbe Anzahl von Teilchen enthalten ist wie in 12 g des reinen Nuklids C^{12}, d. h. $6{,}023 \cdot 10^{23}$ Teilchen (SI-Definition: 1 mol $= 6{,}023 \cdot 10^{23}$ Teilchen).

Wird die Masse eines Teilchens in einem reinen Stoff (z. B. C^{12}) mit m_0 bezeichnet, so ergibt sich die Masse m

des vorliegenden Stoffs zu

$$m = N m_0, \tag{1.2}$$

wenn N die Anzahl der Teilchen ist. Wird also für $m = 12$ g vom Isotop C^{12} gesetzt, d. h., es liegt die Menge $n = 1$ mol vor, so ergibt sich für N speziell der obige Wert

$$N = 6{,}023 \cdot 10^{23},$$

woraus sich die atomare Masseneinheit $m_u = m_0\,(C^{12})/12 = 1{,}66 \cdots 10^{-27}/$ kg berechnet. Man bezeichnet die auf das Mol bezogene Konstante N als AVOGADRO-*Konstante L*

$$L = 6{,}023 \cdot 10^{23}\ \text{mol}^{-1}. \tag{1.3}$$

Als Beziehung zwischen Menge n und Teilchenzahl N ergibt sich demnach:

$$n = \frac{N}{L}. \tag{1.4}$$

Auf der gerade gegebenen Grundlage kann jetzt die Beschreibung der *Zusammensetzung* von Systemen erfolgen, die aus mehr als einem „Stoff" bestehen. Für die verschiedenen Konzentrationen wird hier der kleine Buchstabe c verwendet, indem zur näheren Kennzeichnung ein Index benutzt wird. Dieser kann, wenn Verwechslungen ausgeschlossen sind, weggelassen werden. Die einzige Konzentrationsangabe, die nicht durch c symbolisiert wird, ist die Dichte ϱ.

Die Konzentrationsgrößen sind (der Index i kennzeichnet den jeweiligen „Stoff"):

Dichte (*Massenkonzentration*)

$$\varrho_i = \frac{m_i}{V}, \tag{1.5}$$

wenn V das gesamte Volumen ist und m_i die Masse des i-ten Stoffs. Die Dichte wird beispielsweise in kg m^{-3}

gemessen, und die Größe ϱ_i wird auch als *Partialdichte* bezeichnet. Außerdem gilt für die gesamte Dichte ($\varrho = m/V$)

$$\varrho = \sum_i \varrho_i; \tag{1.6}$$

Massenbruch

$$c_{m,i} \equiv \frac{m_i}{m}, \tag{1.7}$$

wobei m_i die Masse des i-ten Stoffs und m die Gesamtmasse bedeutet. Diese Größe ist dimensionslos und kann beispielsweise auch in % angegeben werden.

Molarität (Stoffmengenkonzentration)

$$c_{\varrho n,i} \equiv \frac{n_i}{V}, \tag{1.8}$$

wenn n_i die Menge des i-ten Stoffs und V das Gesamtvolumen ist. Die Molarität wird z. B. in kmol m^{-3} gemessen.

Molenbruch

$$c_{n,i} \equiv \frac{n_i}{n} \tag{1.9}$$

mit n als der Gesamtmenge und n_i wie in (1.8). Diese Größe ist wieder dimensionslos wie (1.7). Wegen (1.4) liegt in (1.9) natürlich auch ein Teilchenzahlbruch vor.

Volumenkonzentration

$$c_{V,i} \equiv \frac{V_i}{V}, \tag{1.10}$$

wobei V_i das Volumen ist, das der Stoff i einnimmt. V ist wie in (1.5) das Gesamtvolumen. Auch (1.10) definiert eine dimensionslose Größe.

Erwähnenswert sind in diesem Zusammenhang noch zwei Größen, die Reziproken von (1.5) bzw. (1.8):

Spezifisches Volumen

$$v_i = \frac{1}{\varrho_i} = \frac{V}{m_i} \tag{1.11}$$

bzw. *molares Volumen*

$$\bar{v}_i \equiv \frac{1}{c_{\varrho n,i}} = \frac{V}{n_i}. \tag{1.12}$$

Außerdem gilt nach (1.1b), (1.5), (1.6) und (1.7)

$$c_{m,i} = \frac{\varrho_i}{\varrho}. \tag{1.13}$$

Wird mit

$$\overline{M} = \sum_i M_i c_{n,i} \tag{1.14}$$

eine *mittlere molare Masse* definiert, so ergibt sich zusätzlich

$$c_{m,i} = \frac{M_i c_{n,i}}{\overline{M}}, \tag{1.15}$$

wobei (1.1) benutzt wurde.

Weiterhin gilt:

$$c_{\varrho n,i} = \frac{\varrho_i}{M_i} = \frac{c_{n,i}}{\bar{v}} \quad \text{mit} \quad \bar{v} = \frac{V}{n} \tag{1.16}$$

und

$$\varrho \cdot \bar{v} = \overline{M}. \tag{1.17}$$

1.2. *Grundlegende thermodynamische Begriffe*

Zur Anwendung des bisher Dargelegten müssen noch einige spezielle Begriffe eingeführt und definiert werden, wobei häufig auch eine Präzisierung von Worten der Umgangssprache erfolgt.

1.2.1. Thermodynamisches System

Betrachten wir in der Thermodynamik einen bestimmten makroskopischen Teil der Welt, so sprechen wir von einem *System*. Der das System umgebende Teil der Welt heißt *Umgebung*. Das System besteht aus Substanzen, aber auch Meßapparaturen und Strahlung können dazugehören.

Ein System heißt *homogen*, wenn es an allen Orten die gleichen Eigenschaften besitzt (Dichte, Kristallstruktur, Brechungsindex usw.). Abstrahiert man von Größe und Form eines solchen homogenen Systems, so spricht man von einer *Phase* (z. B. Dampf, kubischraumzentrierte Struktur). Ein homogenes System enthält per definitionem nur eine Phase. Besteht ein System aus mehreren koexistierenden Phasen (sie können mit ebener Grenzfläche nebeneinander existieren), so heißt es *heterogen* oder *diskontinuierlich*. Systeme, deren Eigenschaften sich von Ort zu Ort ändern, werden *kontinuierliche* genannt (z. B. Atmosphäre unter Einwirkung der Schwerkraft oder Lösung in der Ultrazentrifuge).

Die chemischen Bestandteile eines Systems heißen *Komponenten*. Die Phasen eines heterogenen Systems werden mit dem Index f gezählt, während die Kompo-

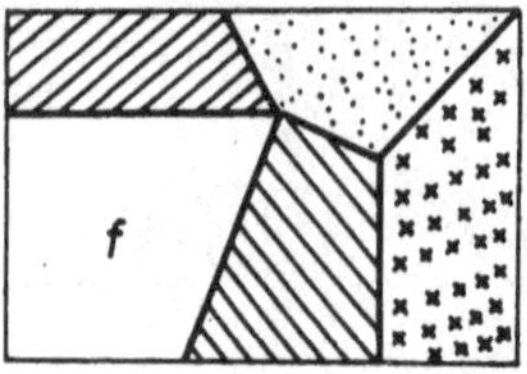

Abb. 1. Schematische Darstellung eines aus verschiedenen homogenen Teilsystemen (manchmal als Bereiche bezeichnet) aufgebauten heterogenen Systems. Nicht jede Phase f muß alle K Komponenten enthalten. Ein Beispiel für ein homogenes System (= Bereich) ist eine Zuckerlösung (1 Phase: flüssige Phase, 2 Komponenten: Wasser, Saccharose). Das gleiche gilt, obwohl vier Teilchenarten (H_2O, NaCl, Na^+, Cl^-) vorhanden sind, auch für eine Kochsalzlösung, denn es lassen sich nur die Massen von Wasser und Kochsalz unabhängig voneinander wählen.

nenten mit dem Index k erfaßt werden. Es sollen jeweils F Phasen und K Komponenten vorhanden sein. Damit ist der in 1.1.3. verwendete „Stoff“begriff präzisiert (vgl. auch Abb. 1). Die Konzentrationsangaben in 1.1.3. beziehen sich demnach auf eine bestimmte Komponente des Systems oder auf eine Komponente in einer bestimmten Phase (problemabhängig).

Sind in einem System alle Richtungen gleichwertig, so nennt man es *isotrop*, anderenfalls *anisotrop*.

Teilt man ein System in Subsysteme ein, so gelten alle bisherigen und auch die folgenden Definitionen, die, wie gesagt, nur makroskopische Gebiete der Materie betreffen, für diese Subsysteme. Systeme werden hinsichtlich ihrer Wechselwirkung mit der Umgebung gemäß Tab. 3 klassifiziert. Wärmeaustausch und Verrichtung von Arbeit kann nach 2.2. als Energieaustausch mit der Umgebung zusammengefaßt werden.

Tabelle 3

Kategorien von Systemen gemäß ihrer Wechselwirkung mit der Umgebung (1 = vorhanden, 0 = nicht vorhanden)

Art des Systems	Stoffaustausch	Wärmeaustausch	Verrichtung von Arbeit
abgeschlossen (isoliert)	0	0	0
adiabatisch (thermisch isoliert)	0	0	1
geschlossen	0	1	1
offen	1	1	1

1.2.2. *Thermodynamischer Zustand*

Jedes thermodynamische System befindet sich in einem bestimmten Zustand. Dieser wird durch die Werte von thermodynamischen Größen charakterisiert. Es kann sich dabei um *äußere Koordinaten* (z. B. Orts- und Geschwindigkeitsangaben über das ganze System) und um (*innere*) *Parameter* handeln. Unter diesen gibt es spezielle innere *Zustandsvariable*, genannt *Zustandsgrößen*, die nach Beendigung aller möglichen Ausgleichvorgänge einen ein ganzes Teilsystem kennzeichnenden Wert annehmen (z. B. Volumen, Druck, Masse). Manchmal wird auch zwischen *inneren* (z. B. Druck, Temperatur) und *äußeren* (von außen aufgeprägt; z. B. Volumen, elektrisches oder magnetisches Feld) *Parametern* unterschieden.

Für die Zustandsgrößen der Thermodynamik gilt eine grundsätzliche Unterscheidung. Man teilt sie in *extensive* und *intensive* Größen ein. *Extensive Größen* (auch *Quantitätsgrößen*) sind der Masse m proportional. Eine Verdopplung des Systems (zweifache Masse) zieht die Verdopplung des Werts einer extensiven Zustandsgröße nach sich. Beispiele sind Masse, Energie, Volumen, Entropie. Bezeichnet man eine beliebige extensive Zustandsgröße mit Z, so ist Z eine *homogene Funktion ersten Grades* in den Massen m_k (k zählt die Komponenten) bzw. in den Stoffmengen n_k (der Einfachheit halber wird ein *Bereich*, d. h. ein homogenes Teilsystem betrachtet). Wird also bei festen Werten der anderen Zustandsgrößen jeder Wert n_k mit a multipliziert, so geschieht das auch mit der Größe Z (die übrigens von weiteren Variablen wie Druck, Temperatur usw. abhängig ist):

$$Z = Z(n_1, n_2, \ldots) \tag{1.18}$$

gemäß

$$Z(an_1, an_2, \ldots) = aZ(n_1, n_2, \ldots). \tag{1.19}$$

Nach dem Eulerschen *Satz* für homogene Funktionen gilt für Z:

$$Z = \sum_k n_k \left(\frac{\partial Z}{\partial n_k}\right)_{n_j}. \tag{1.20}$$

Der an der partiellen Ableitung angegebene Index n_j gibt an, daß beim Differenzieren neben den übrigen Zustandsgrößen, z. B. Druck p (allgemein: K_{if}, vgl. (1.65), der Index i zählt die Arten der thermodynamischen Arbeit) und Temperatur T, auch alle n_j außer dem einen n_k konstant gehalten werden. Die Wichtigkeit von (1.20) wird klar, wenn man diesen Ausdruck dem totalen Differential von (1.18) gegenüberstellt:

$$\mathrm{d}Z = \sum_k \mathrm{d}n_k \left(\frac{\partial Z}{\partial n_k}\right)_{n_j}. \tag{1.20a}$$

Liegt also eine homogene Funktion ersten Grades in den Stoffmengen vor, so folgt aus (1.20a) immer auch (1.20). Es findet kein Integrationsprozeß statt.

Intensive Größen (auch *Qualitäts-* oder *Intensitätsgrößen*) sind solche, die der Masse m nicht proportional sind. Eine intensive Größe hat an einer definierten Stelle eines Systems einen bestimmten Wert; in einem homogenen Bereich ist eine intensive Größe örtlich konstant. Bei kontinuierlichen Systemen sind intensive Größen Ortsfunktionen. Beispiele sind Druck, Temperatur, Dichte, magnetische Feldstärke. Man kann z. B. von einem bestimmten Druck an einer Stelle eines Systems im Erdschwerefeld sprechen, aber nicht von einem bestimmten Volumen an derselben Stelle. Zwischen den einzelnen intensiven Größen ist unbedingt noch ein wichtiger Unterschied zu nennen. Es gibt nämlich intensive Größen 1. Art, die durch ein „*Kontaktgleichgewicht*" (vgl. Ende von Abschnitt 2.3.4. über Arten von Trennwänden nach (2.124)) definierbar sind, d. h. nach einem *Ausgleichsvorgang* (bei Aufhebung aller äußeren Hemmungen und Einflüsse, z. B. auch Kraftfelder) prinzipiell im ganzen System denselben Wert (z. B. Temperatur) annehmen, aber es existieren auch andere (intensive Größen 2. Art), die nach Ablaufen aller Ausgleichprozesse verschiedene Werte im System besitzen können (zum Beispiel ist die Dichte eines Dampfes, der sich im Gleichgewicht über der entsprechenden Flüssigkeit befindet, anders als die der flüssigen Phase). Man beachte (vgl. 1.2.4.), daß Kraftfelder, thermodynamisch betrachtet, durch intensive Größen (2. Art) beschrieben werden.

Die Unterscheidung in der Symbolik (große Buchstaben: extensive Größen, kleine Buchstaben: intensive Größen) wird aus Traditionsgründen (Masse m, Temperatur T!) hier vermieden.

Es wurde festgestellt, daß ein *thermodynamischer Zustand* durch *thermodynamische Größen* charakterisiert wird. Nun sollen die verschiedenen möglichen Zustände beschrieben werden. Ein System befindet sich im Zustand des *thermodynamischen Gleichgewichts*, wenn die intensiven Größen des Systems zeitlich, aber nicht räumlich konstant sind, derart, daß nach Trennung des Systems von seiner Umgebung (durch geeignete Wände wird das System zu einem isolierten gemacht; äußere Kraftfelder sind aber zugelassen) keine *Prozesse* (vgl. 1.2.3.) mehr ablaufen. Finden dagegen bei einem System nach Vornahme der gerade beschriebenen Abtrennung noch Vorgänge statt, so war das System in einem *Nichtgleichgewichtszustand.* Es kann sich dabei um einen stationären Zustand handeln, bei dem die intensiven Größen durch äußere Einflüsse konstant gehalten werden, während der Zustand des Gleichgewichts durch innere Ursachen zustandekommt. In Gleichgewichtsnähe gibt es neben *stationären Nichtgleichgewichten* (*Fließgleichgewicht*) auch *instationäre* (z. B. *Abklingprozesse*). Das gleiche gilt thermodynamisch sehr weit weg (vgl. hierzu 2.6.) vom Gleichgewicht (stationärer Zustand: dissipative Strukturen; instationärer Zustand: z. B. Explosion).

Zwei häufig benutzte Begriffe für die Fixierung eines thermodynamischen Zustands verdienen noch Erwähnung. *Inneres Gleichgewicht* liegt z. B. vor, wenn im Inneren einer Phase eines heterogenen Systems chemisches Gleichgewicht in bezug auf mögliche chemische Reaktionen herrscht, während noch kein Gleichgewicht hinsichtlich des Stoffübergangs zwischen den Phasen eingetreten ist, d. h. also, es befindet sich nur ein Subsystem im Gleichgewicht und nicht das ganze System. Von *lokalem Gleichgewicht* sprechen wir dann, wenn beispielsweise in einer Flüssigkeit oder in einem Gas noch Konzentrationsgradienten auftreten. Der Begriff des lokalen Gleichgewichts ist von zentraler Bedeutung bei der Behandlung *irreversibler Prozesse*. Deshalb muß betont werden, daß sich trotz des gewählten Begriffs die Volumenelemente eines Systembereichs untereinander nicht etwa im Gleichgewicht befinden (z. B. bei der Ausdehnung eines Gases in einem durch Kolben verschlossenen Zylinder findet ein irreversibler Prozeß statt, wobei auf Grund der auftretenden Strömungen völlig heterogene Zustände durchlaufen werden), sondern daß lediglich die thermodynamischen Beziehungen (z. B. liefert die GIBBSsche Gleichung (2.66) bzw. die Gasgleichung (1.40a) in dem gerade erwähnten Fall in jedem „Raumpunkt“, d. h. Volumenelement, den Wert der Entropie bzw. des Drucks) des Gleichgewichts auf hinreichend kleine Volumenelemente des Systems angewendet werden und somit die Berechnung von sonst nicht berechenbaren Systemen mittels des lokalen Gleichgewichts möglich wird. Es handelt sich hierbei um einen für den Anfänger ebenso diffizilen Gedanken wie bei der Entropie (vgl. 2.3.).

Zum Abschluß über den thermodynamischen Zustand wird noch eine weitere wichtige Klassifizierung der thermodynamischen Größen gebracht. Es handelt sich um die *Transformation von extensiven Größen in intensive*. Aus der extensiven Größe Z wird eine intensive, indem durch das Volumen V, durch die Masse m bzw. durch die Stoffmenge n (es kann sich auch um räumlich infinitesimale Divisionen handeln) dividiert wird. Dabei entsteht die Dichtegröße ζ, die spezifische Größe z bzw. die molare Größe $\bar{z}$. Beispiele dafür sind (1.5), (1.11), (1.12). Für die Energie E bzw. Entropie S lauten die entsprechenden Größen Energiedichte η, spezifische Energie e und molare Energie $\bar{e}$ bzw. Entropiedichte σ, spezifische Entropie s und molare Entropie $\bar{s}$. Damit dürfte die Handhabung der Symbolik hinreichend erläutert sein. — Neben der spezifischen bzw. molaren Größe zu einer beliebigen extensiven Größe gibt es noch die partielle spezifische Größe bzw. partielle molare Größe (vgl. (1.20)). Für diese beiden Arten von intensiven Größen, die durch partielle Ableitung definiert sind, wird meist ein zusätzliches Symbol eingeführt. Im Falle des Volumens V wird das Symbol φ bzw. $\bar{\varphi}$ verwendet, so daß alle fünf möglichen intensiven Größen in diesem Falle folgendermaßen lauten (für die Volumendichte wird kein gesondertes Symbol eingeführt):

Volumendichte

$$\frac{V}{V} = 1$$

spezifisches Volumen

$$v = \frac{V}{m}$$

molares Volumen

$$\bar{v} = \frac{V}{n}$$

partielles spezifisches Volumen

$$\varphi = \frac{\partial V}{\partial m}$$

partielles molares Volumen

$$\varphi = \frac{\partial V}{\partial n}$$

Eine der wichtigsten Größen ist in diesem Zusammenhang die freie Enthalpie (GIBBSsches Potential, vgl. 2.3.3.). Deshalb seien die entprechenden fünf Größen schon hier explizit angegeben:

Freie Enthalpiedichte

$$\gamma = \frac{G}{V}, \tag{1.21}$$

spezifische freie Enthalpie

$$g = \frac{G}{m}, \tag{1.22}$$

molare freie Enthalpie

$$\bar{g} = \frac{G}{n}, \tag{1.23}$$

partielle spezifische freie Enthalpie

$$\mu = \left(\frac{\partial G}{\partial m}\right), \tag{1.24}$$

partielle molare freie Enthalpie

$$\bar{\mu} = \frac{\partial G}{\partial n}. \tag{1.25}$$

Die partiellen Ableitungen in (1.24) bzw. (1.25) beziehen sich (die Indizes sind weggelassen) bei einem heterogenen Mehrkomponentensystem auf die k-te Komponente in der f-ten Phase, wobei Druck p (allgemein K_{if}, vgl. (1.65)), Temperatur T und alle anderen Massen bzw. Mengen konstant gehalten werden. Außerdem sind (1.24) und (1.25) intensive Größen 1. Art (vgl. (2.124)).

In diesem Zusammenhang kann nochmals unter einem anderen Aspekt auf eine bestimmte Beziehung zwischen intensiven Größen 2. Art und extensiven Größen hingewiesen werden. Aus den Größen (1.21) bis (1.23) gehen durch eine Volumenintegration extensive Größen hervor. Für (1.21) ist das trivial. (1.22) bzw. (1.23) müssen vorher jedoch mit der Massendichte (1.5) bzw. mit ϱ_i/M_i multipliziert werden. Wir haben uns dabei auf den „Stoff“ i (möglicherweise Komponente k in der Phase f) bezogen.

Als letztes eine Definition: Die bei einem thermodynamischen System frei wählbaren intensiven Variablen (1. und 2. Art) heißen *Freiheitsgrade* (Anzahl der Freiheitsgrade f). Ihre Festlegung ist zur Charakterisierung eines thermodynamischen Gleichgewichtszustandes unbedingt erforderlich. Die Masse m ist obendrein für jedes System frei wählbar.

1.2.3. Zustandsänderungen

Wenn ein thermodynamisches System von einem Zustand in den anderen übergeht, sprechen wir von einem *Prozeß* bzw. *Vorgang*. Beispiele für solche Zustandsänderungen sind Änderungen des Druckes, der Temperatur oder der Zusammensetzung. Hat z. B. in einem abgeschlossenen homogenen System eine Änderung der Zusammensetzung stattgefunden, so muß mindestens eine chemische Reaktion als thermodynamischer Prozeß abgelaufen sein.

Ein Prozeß heißt *natürlich*, wenn es sich um einen wirklich in der Natur ablaufenden Vorgang handelt. Ein sehr wichtiger Grenzfall eines natürlichen Vorgangs ist der *quasistatische*, der nur eine gedankliche Fiktion darstellt. Wenn unter äußeren Einflüssen vom betrachteten System eine *stetige Folge von Gleichgewichtszuständen* durchlaufen wird, sprechen wir von einem quasistatischen Prozeß. Dabei werden alle Einwirkungen des Systems auf die Umgebung durch die Gegenwirkungen der Umgebung auf das System kompensiert. Der natürliche Vorgang der Ausdehnung eines Gases, das dabei einen Kolben vor sich herschiebt (es werden Reibungskräfte überwunden und außerdem ist der Gasdruck größer als der Außendruck) kann im Grenzfall als quasistatisch gedacht werden (das Gas im Innern des Zylinders möge sich immer im Gleichgewicht befinden, also Strömungen werden vernachlässigt und obendrein soll der Außendruck immer gleich dem Innendruck sein). Der Kolben würde sich im quasistatischen Fall unendlich langsam bewegen, d. h. es würde praktisch kein Vorgang ablaufen. Also auch im quasistatischen Grenzfall muß der Innendruck infinitesimal überwiegen, ohne daß dabei die Vorstellung vom Gleichgewicht aufgegeben werden darf.

Ein Prozeß heißt *irreversibel,* wenn der Anfangszustand des Systems nicht ohne Änderungen in der Umgebung wiederhergestellt werden kann. Dagegen nennen wir einen Prozeß *reversibel,* wenn das System in den Anfangszustand zurückkehren kann, ohne daß Änderungen in der Umgebung zurückbleiben.

Wir wollen schon hier den erst in 2.3. klar werdenden Sachverhalt nennen: *Natürliche Prozesse* sind *immer irreversibel,* während *quasistatische Prozesse* häufig im Gedankenexperiment einen *reversiblen* Prozeß modellieren.

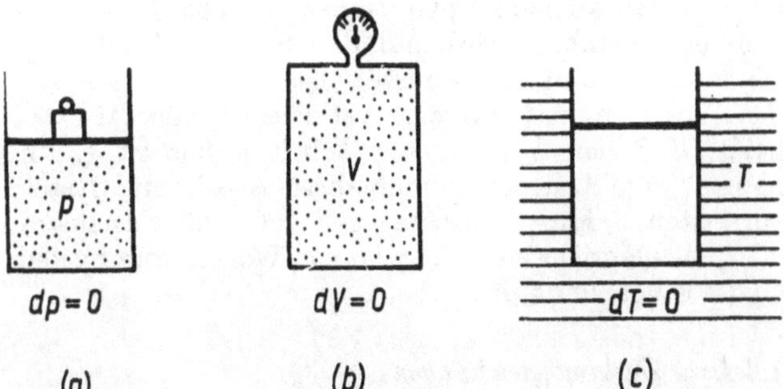

Abb. 2. Zustandsänderungen: (a) isobar (beweglicher Kolben mit konstantem Gewicht), (b) isochor (festes Volumen mit Manometer), (c) isotherm (System im Wärmebad)

Einige praktisch wichtige Zustandsänderungen mögen nun erwähnt werden. Wir unterscheiden *isobare, isotherme* und *isochore Zustandsänderungen.* Bei ihnen ist in der gleichen Reihenfolge der Druck p, die Temperatur T und das Volumen V konstant (vgl. Abb. 2).

Von besonderem Interesse sind in der Thermodynamik *infinitesimale Zustandsänderungen* bzw. deren Beschreibung durch adäquate Inkremente der thermodynamischen Größen. Handelt es sich dabei um *Zustandsgrößen,* so wird für die Differentialkennzeichnung das übliche d benutzt (z. B. $\mathrm{d}V$, $\mathrm{d}T$, $\mathrm{d}p$). Sind die betreffenden thermodynamischen Parameter keine Zustandsgrößen, so wird zur Kennzeichnung der Änderung ein đ verwendet (z. B. đA, đQ als infinitesimale Arbeit und Wärme, vgl. 2.2.). Wir unterscheiden demgemäß zwischen *vollständigen* (*exakten, totalen*) Differentialen und *unvollständigen Differentialen* (*Diminutiven*). Diese Sprechweise wird besonders deutlich, wenn die thermodynamischen Größen von anderen unabhängigen Parametern abhängen (vgl. 1.2.4.).

Für alle Inkremente gilt hier (zur klaren Abgrenzung gegenüber anderen Darstellungen), daß sie positiv und negativ sein können. Dabei stellen wir uns, falls nichts anderes vereinbart wird, auf den Standpunkt des Systems. Beispielsweise bedeutet also $\mathrm{d}V < 0$, daß sich das Volumen des Systems verkleinert, oder $đA > 0$ heißt, daß das System eine Arbeit aufnimmt („Einnahme", die Umgebung muß diese Arbeit am System verrichten). Für Wärmemengen $đQ$ gilt Analoges: $đQ < 0$ entspricht einer Abgabe von Wärme vom System an die Umgebung („Ausgabe").

1.2.4. Zustandsgleichungen

In diesem Abschnitt wird sowohl der Zusammenhang zwischen *Zustandsgrößen* als auch der zwischen den Inkrementen von Zustandsgrößen behandelt. Beziehungen zwischen Zustandsgrößen heißen *Zustandsgleichungen.* Die von anderen unabhängigen Zustandsgrößen als abhängig aufgefaßte Zustandsgröße heißt *Zustandsfunktion* und deren explizite oder implizite Angabe stellt die *Zustandsgleichung* dar.

Da die Zustandsgleichung für den allgemeinsten Fall eines anisotropen heterogenen Mehrkomponentensystems unter Einwirkung von Kraftfeldern (z. B. elektromagnetische Felder) und mit Berücksichtigung von Grenzflächenerscheinungen nicht in einem geschlossenen analytischen Ausdruck darstellbar ist, wird hier der Weg vom Einfachen zum Komplizierten gegangen.

a) *Einfaches System*

Es ist ein heterogenes Mehrkomponentensystem aus isotropen Phasen ohne Kraftfelder und Grenzflächenerscheinungen. Gibt man für ein homogenes Teilsystem (genannt *Bereich*) Temperatur T, Druck p und die Komponentenmengen n_k vor, so findet man empirisch für das Volumen V

$$V = V(T, p, n_k) \tag{1.26}$$

als Zustandsgleichung für diesen Bereich. Faßt man p als abhängige Variable auf, so ergibt sich der Druck als Zustandsfunktion in Abhängigkeit von den übrigen unabhängigen Variablen:

$$p = p(V, T, n_k). \tag{1.27}$$

Die zu (1.29) analoge Darstellung von (1.26) lautet (Benutzung von (1.12)):

$$\bar{v} = \bar{v}(p, T, c_k) \tag{1.28}$$

(c_k = Konzentration der Komponenten gemäß (1.9)).
Die Wirkung eines Gravitations- oder Zentrifugalfeldes kann für die bisherigen Darlegungen zugelassen werden, wenn der Bereich ein hinreichend kleines Volumenelement des entsprechenden kontinuierlichen Systems (stetige Dichtevariation) ausmacht.

b) *Anisotropes System*

Es wird ein anisotropes homogenes Teilsystem (Bereich) aus dem anisotropen heterogenen Mehrkomponentensystem herausgegriffen. Es unterliegt keinen Kraftfeldern und zeigt keine Grenzflächenphänomene. Es kann z. B. ein Stück eines triklinen Einkristalls sein. Die Erfahrung zeigt, daß das mechanische Verhalten nicht wie beim isotropen Körper einfach durch p und V beschrieben werden kann, sondern es sind sechs unabhängige Komponenten des symmetrischen *Spannungstensors* σ_{xx}, σ_{yy}, σ_{zz}, $\sigma_{xy} = \sigma_{yx}$, $\sigma_{xz} = \sigma_{zx}$, $\sigma_{yz} = \sigma_{zy}$ (Einheit Pa) und sechs unabhängige Komponenten des symmetrischen *Dehnungstensors* $\varepsilon_{xx}, \varepsilon_{yy}, \varepsilon_{zz}, \varepsilon_{xy} = \varepsilon_{yx}, \varepsilon_{xz} = \varepsilon_{zx}, \varepsilon_{yz} = \varepsilon_{zy}$ zur Beschreibung nötig. Die empirisch gefundene Zustandsgleichung für den betrachteten Bereich lautet

$$\varepsilon_j = \varepsilon_j(\sigma_i, T, c_k) \quad (i, j = 1, 2, \ldots, 6). \tag{1.29}$$

Dabei sind die c_k durch (1.9) definiert und die Doppelindizes der Koordinatenachsen x, y, z in geeigneter Weise durch Einfachindizierung ersetzt worden (einfache Indexersetzung bis auf $\varepsilon_4 = 2\varepsilon_{xy}$, $\varepsilon_5 = 2\varepsilon_{xz}$, $\varepsilon_6 = 2\varepsilon_{yz}$, vgl. Lehrbücher der Kontinuumsmechanik).

c) *System im elektrischen Feld*

Es wird jetzt ein Bereich gemäß Punkt a), aber unter der Einwirkung eines elektrischen Feldes betrachtet. Die Zustandsgleichung lautet in Verallgemeinerung von (1.28)

$$\bar{v} = \bar{v}(p, T, c_k, \boldsymbol{E}), \tag{1.30}$$

wobei $\boldsymbol{E}$ der Vektor der elektrischen Feldstärke (Vm^{-1}) ist. (1.30) ist durch eine Materialgleichung der Form

$$\boldsymbol{P} \equiv \boldsymbol{D} - \varepsilon_0\boldsymbol{E} = \varepsilon_0(\varepsilon - 1)\,\boldsymbol{E} \tag{1.31}$$

zu ergänzen. Hierbei sind: $\boldsymbol{P}$ = elektrische Polarisation (Cm^{-2}), $\boldsymbol{D}$ = elektrische Flußdichte (Cm^{-2}), ε_0 = elektrische Feldkonstante $= 8{,}854 \cdot 10^{-12}\ F\,m^{-1}$ ($F \equiv As\,V^{-1}$), ε = Dielektrizitätszahl. $\boldsymbol{E}$ ist eine intensive Größe. Die zugehörige extensive Größe ist $\boldsymbol{P}V$ (V = Volumen des Bereichs), auch als elektrisches Moment bezeichnet.

d) *System im magnetischen Feld*

Das elektrische Feld von Punkt c) wird nunmehr durch ein den Bereich polarisierendes Magnetfeld ersetzt. Die entsprechende Zustandsgleichung heißt jetzt

$$\bar{v} = \bar{v}(p, T, c_k, \boldsymbol{H}) \tag{1.32}$$

mit der Materialgleichung

$$\boldsymbol{J} \equiv \boldsymbol{B} - \mu_0\boldsymbol{H} = \mu_0(\mu - 1)\,\boldsymbol{H}. \tag{1.33}$$

Es sind: $\boldsymbol{H}$ = magnetische Feldstärke (Am^{-1}), $\boldsymbol{J}$ = magnetische Polarisation (T = Tesla = $Wb\,m^{-2}$), $\boldsymbol{B}$ = magnetische Flußdichte (T), μ_0 = magnetische Feldkonstante = $4\pi \cdot 10^{-7}\,Hm^{-1}$ (H $\equiv$ $Vs\,A^{-1}$), μ = Permeabilitätszahl. $\boldsymbol{H}$ ist eine intensive Größe. Die zugehörige extensive Größe ist $\boldsymbol{J}V$ (V = Volumen des Bereichs), auch als magnetisches Moment bezeichnet.

e) *Grenzflächensystem*

Der Bereich zwischen zwei homogenen Volumenphasen bildet thermodynamisch eine Besonderheit, da er im wesentlichen von zwei Dimensionen ist (obwohl man der entsprechenden Grenzschicht eine Dicke und damit ein Volumen zuordnet). Die dem Druck p analoge intensive Größe für diese speziellen Erscheinungen ist eine Spannung s (Dimension Kraft durch Länge für diese Grenzflächenspannung) und die dem Volumen V adäquate extensive Größe ist die Oberfläche F. Empirisch ergibt sich eine den bisher angegebenen Zustandsgleichungen (1.28), (1.29), (1.30) und (1.32) nicht ganz entsprechende Gleichung des fraglichen Bereichs:

$$s = s(p, T, c_k). \tag{1.34}$$

Verwechslung von s mit einer Entropiegröße ist hier nicht möglich; es handelt sich um eine Größe, die der Oberflächenspannung bei Flüssigkeitsoberflächen analog ist.

Zur Veranschaulichung werden einige Beispiele zu den Fällen a), b) und d) betrachtet.

Für den Fall a) läßt sich aus (1.26) eine fundamentale Beziehung für jedes Gas, jede Flüssigkeit und jeden isotropen Festkörper ableiten, wenn folgende Definitionen zugrundegelegt werden:

Volumenausdehnungskoeffizient (K^{-1})

$$\alpha \equiv \frac{1}{V}\left(\frac{\partial V}{\partial T}\right)_{V,n_k}, \tag{1.35a}$$

Spannungskoeffizient (K^{-1})

$$\gamma \equiv \frac{1}{p}\left(\frac{\partial p}{\partial T}\right)_{V,n_k}, \tag{1.35b}$$

Kompressibilität (Pa^{-1})

$$\varkappa \equiv -\frac{1}{V}\left(\frac{\partial V}{\partial p}\right)_{T,n_k}. \tag{1.35c}$$

Die Bildung des totalen Differentials der Zustandsgröße V aus (1.26) bei festgehaltenen n_k (konstante Stoffmengen der Komponenten) ergibt

$$\mathrm{d}V = \left(\frac{\partial V}{\partial T}\right)_p \mathrm{d}T + \left(\frac{\partial V}{\partial p}\right)_T \mathrm{d}p. \tag{1.36}$$

Analog wird aus (1.27)

$$\mathrm{d}p = \left(\frac{\partial p}{\partial T}\right)_V \mathrm{d}T + \left(\frac{\partial p}{\partial V}\right)_T \mathrm{d}V. \tag{1.37}$$

Wird (1.37) in (1.36) eingesetzt, so folgt

$$\left(\frac{\partial V}{\partial T}\right)_{p,n_k} = -\left(\frac{\partial V}{\partial p}\right)_{T,n_k}\left(\frac{\partial p}{\partial T}\right)_{V,n_k}. \tag{1.38}$$

Mit den Definitionen (1.35a) bis (1.35c) wird daraus

$$\alpha = \gamma \varkappa p. \tag{1.39}$$

Für Quecksilber gilt beispielsweise $\alpha \approx 0{,}0002\ K^{-1}$ und $\varkappa \approx 40\ Pa^{-1}$. Daraus errechnet sich

$$\left(\frac{\partial p}{\partial T}\right)_{V,n_k} = \frac{\alpha}{\varkappa} \approx 5 \cdot 10^6\ \mathrm{Pa\ K^{-1}},$$

ein sehr beachtlicher Wert, der dafür bürgt, daß jedes Kapillarrohr eines Quecksilberthermometers sofort platzt, sobald es auch nur ganz wenig über die maximale Anzeigemöglichkeit hinaus erwärmt wird.

Als spezielles Beispiel für (1.26) wird jetzt die *Zustandsgleichung* des *idealen Gases* betrachtet. Dieses stark vereinfachte Modell eines thermodynamischen Systems soll auch noch zur Demonstration einiger anderer Sachverhalte dienen. Zunächst wird die Zustandsgleichung in drei verschiedenen Formen aufgeschrieben (nur eine Komponente):

$$V = \frac{RT}{p}, \tag{1.40a}$$

$$V = \frac{mrT}{p}, \tag{1.40b}$$

$$V = \frac{n\bar{r}T}{p}. \tag{1.40c}$$

Der Spezialfall des Boyle*schen Gesetzes* für konstantes T sei nur erwähnt:

$$p \cdot V = \text{const.} \tag{1.40d}$$

R ist eine extensive Größe, die von der Masse und der Art (z. B. N_2 oder O_2) des idealen Gases abhängt; dagegen sind r bzw. $\bar{r}$ die zugehörige spezifische bzw. molare Größe, die nur noch von der Gasart abhängt bzw. eine universelle Konstante ist. Dementsprechend heißt $\bar{r}$ die *universelle Gaskonstante*:

$$\bar{r} = 8{,}315 \text{ Pa m}^3 \text{ K}^{-1} \text{ mol}^{-1} = 8{,}315 \text{ J K}^{-1} \text{ mol}^{-1}. \tag{1.41a}$$

Die Größe $k = \frac{R}{N}$ mit N als der Molekülzahl ist die auf das Molekül bezogene Gaskonstante. Sie heißt Boltzmann-*Konstante* und beträgt

$$k = 1{,}38 \cdot 10^{-23} \text{ J K}^{-1}. \tag{1.41b}$$

Zur Übung bilden wir für das ideale Gas (1.5), (1.35a),

(1.35b), (1.35c), (1.36):

$$\varrho = \frac{Mp}{\bar{r}T}, \quad \alpha = \frac{1}{T}, \quad \gamma = \frac{1}{T}, \quad \varkappa = \frac{1}{p}, \tag{1.42a–d}$$

$$\mathrm{d}V = \frac{R}{p}\,\mathrm{d}T - \frac{RT}{p^2}\,\mathrm{d}p. \tag{1.43}$$

Zur Bildung von (1.42a) bzw. (1.43) wurde (1.40c) bzw. (1.40a) benutzt. Anhand dieser letzten Gleichung soll nochmals paradigmatisch der Begriff des totalen Differentials aufgegriffen werden, der ja für alle Zustandsgrößen der Thermodynamik von grundsätzlicher Bedeutung ist. Daß $\mathrm{d}V$ ein vollständiges Differential ist, kann leicht dadurch gezeigt werden, daß man über zwei verschiedene Wege vom gleichen Anfangspunkt zum gleichen Endpunkt das Integral berechnet und beide Male den gleichen Wert erhält. Das ist gleichbedeutend mit dem Verschwinden des *Ringintegrals* (über einen geschlossenen Weg):

$$\oint \mathrm{d}V = 0. \tag{1.44}$$

Will man sich das ganze geometrisch veranschaulichen, so müssen die den genannten Wegen entsprechenden Vorgänge quasistatisch sein, denn nur eine Folge von Gleichgewichtszuständen (für Nichtgleichgewichtszustände gibt es keinen definierten Wert für p oder T) läßt sich in einem *Zustandsdiagramm* (vgl. Abb. 3) darstellen. Die etwas aufwendigen Rechnungen zum Nachweis von (1.44) mag der Leser zur Übung selbst durchführen.

Die mathematisch zu (1.44) völlig äquivalente Forderung an eine Zustandsgröße, wonach ein *exaktes Differential* vorliegt, wenn die entsprechenden zweiten partiellen Ableitungen nach dem *Satz von* SCHWARZ gleich sind, ist für (1.43) ebenfalls erfüllt. Es gilt nämlich

$$\left(\frac{\partial}{\partial p}\left(\frac{\partial V}{\partial T}\right)_p\right)_T = \left(\frac{\partial}{\partial T}\left(\frac{\partial V}{\partial p}\right)_T\right)_p = -\frac{R}{p^2}. \tag{1.45}$$

Die für das Volumen des idealen Gases als Zustandsgröße aufgeschriebenen Kriterien (1.44) bzw. (1.45) gelten in analoger Weise prinzipiell für jede Zustandsgröße:

In der Thermodynamik existiert zu jeder Zustandsgröße ein totales Differential und zu jedem totalen Differential eine Zustandsgröße.

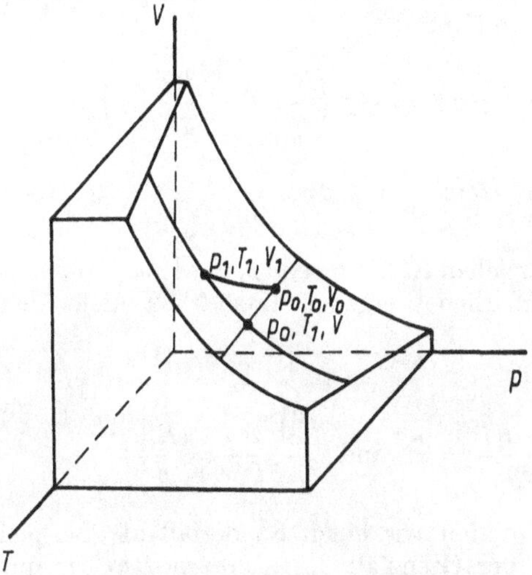

Abb. 3. p, V, T – Zustandsdiagramm des idealen Gases. Der Weg vom Punkt p_1, T_1, V_1 über p_0, T_1, V nach p_0, T_0, V_0 und wieder zurück nach p_1, T_1, V_1 ist ein geschlossener, für den $\oint \mathrm{d}V = 0$ gilt.

Dem totalen Differential wird in der Mathematik die *partielle Ableitung* gegenübergestellt. In der Thermodynamik tritt dies etwas zurück, weil der Unterschied zum Diminutiv oder PFAFFschen Differential (unexaktes, nichttotales, unvollständiges Differential) viel wesentlicher ist. Ein Beispiel für ein *Diminutiv* ist

$$đV = p\,\mathrm{d}T - T\,\mathrm{d}p. \qquad (1.46)$$

Weder das Kriterium (1.44) noch (1.45) lassen sich verifizieren. Damit ist V in diesem Falle also keine Zustandsgröße.

Für die reine Volumenarbeit wird in 1.2.5. der Ausdruck

$$đA = -p \cdot \mathrm{d}V \tag{1.47}$$

angegeben. Am Beispiel des idealen Gases soll hier gezeigt werden, daß es sich tatsächlich um ein Diminutiv handelt (Verwendung von (1.43)):

$$\begin{aligned} đA &= -p\,\mathrm{d}V = -p\left(\frac{R}{p}\,\mathrm{d}T - \frac{RT}{p^2}\,\mathrm{d}p\right) \\ &= -R\,\mathrm{d}T + \frac{RT}{p}\,\mathrm{d}p. \end{aligned} \tag{1.48}$$

Die zweiten partiellen Ableitungen (p, T wieder als unabhängige Veränderliche) ergeben tatsächlich nicht den gleichen Wert:

$$\frac{\partial(-R)}{\partial p} = 0 \quad \text{und} \quad \frac{\partial\left(\dfrac{RT}{p}\right)}{\partial T} = \frac{R}{p}. \tag{1.49}$$

Im Fall b) greifen wir einen Sonderfall als Beispiel heraus. Es ist der Grenzfall des *isotropen Bereichs* mit dem allseitig gleichen Druck p:

$$\sigma_1 = \sigma_2 = \sigma_3 = -p, \quad \sigma_4 = \sigma_5 = \sigma_6 = 0, \tag{1.50}$$

d. h., die Normalspannungen sind dem negativen Druck gleich und die Tangentialspannungen verschwinden. Gilt für das ungedehnte Volumen als Bezugszustand das Symbol V_0 und für das des gedehnten Zustandes V, so wird im Falle des isotropen Mediums

$$V = V_0(1 + \varepsilon_1 + \varepsilon_2 + \varepsilon_3) = V_0(1 + 3\varepsilon_1). \tag{1.51}$$

Umformen von (1.29) in die spezielle Form linearer Abhängigkeit (Hookesches Gesetz), wobei die Konstante $a = a(T)$ die Temperaturabhängigkeit beinhaltet und nur ein einkomponentiges Medium ($c_k = 1$) vorliegt, ergibt

$$\varepsilon_1 = a\sigma_1 = -ap. \tag{1.52}$$

Einsetzen in (1.51) liefert

$$V = V_0(1 - 3ap). \tag{1.53}$$

Diese Gleichung ergibt für das isotrope Medium eine Volumenzunahme mit abnehmendem Druck und eine Volumenabnahme mit sinkender Temperatur, falls $a(T)$ eine monoton fallende Funktion der Temperatur ist (vgl. 1.35c).

Das Hookesche Gesetz soll noch für den allgemeinsten Fall des anisotropen Mediums aufgeschrieben werden. Aus (1.29) wird dann (Temperatur- und Konzentrationsabhängigkeit werden weggelassen)

$$\varepsilon_j = \sum_{i=1}^{6} \lambda_{ji}\sigma_i. \tag{1.54}$$

Die λ_{ji} heißen *Elastizitätskonstanten*, deren Einheit Pa^{-1} ist.

Im Fall d) wollen wir die Materialgleichung (1.33) etwas genauer betrachten, wobei wir die Temperaturabhängigkeit $\mu = \mu(T)$ berücksichtigen und die magnetische Suszeptibilität

$$\chi_m \equiv \mu - 1 \tag{1.55}$$

einführen:

$$\boldsymbol{J} = \chi_m(T)\,\mu_0\boldsymbol{H}. \tag{1.56}$$

Damit haben wir eine zu (1.26) analoge Gleichung

$$\boldsymbol{J} = \boldsymbol{J}(\boldsymbol{H}, T) \tag{1.57}$$

gewonnen, deren Vektorcharakter im Falle gleicher Richtung von $\boldsymbol{J}$ und $\boldsymbol{H}$ sich sogar erübrigt. Betrachten wir

(1.57) also als thermodynamische Zustandsgleichung, so werden (einkomponentiges Einphasensystem!) gemäß (1.32) und (1.57) die beiden Größen $\bar{v}$ und $\boldsymbol{J}$ durch Vorgabe von p, T, $\boldsymbol{H}$ eindeutig festgelegt. Nach 1.2.2. hat das System in diesem Fall drei Freiheitsgrade ($f = 3$), wenn $\boldsymbol{H}$ in Richtung einer Koordinatenachse weist.

1.2.5. Thermodynamische Arbeit

In der Thermodynamik soll von vornherein die Arbeit exakt definiert werden. Dazu wird von den mechanischen Vorstellungen (die Arbeit A ist das Integral über das Produkt aus der Kraft und der infinitesimalen Verrükkung in Kraftrichtung; sie wird an einem System oder Systemteil verrichtet) ausgegangen. Schon am Beispiel des idealen Gases hatten wir in (1.49) gesehen, daß infinitesimale Arbeitsbeträge kein totales Differential bilden.

Zunächst wird die infinitesimale quasistatische Volumenarbeit (vgl. (1.47)) an einem einfachen Bereich erläutert (dies entspricht dem Fall a) von 1.2.4.):

$$đA = -p \cdot \mathrm{d}V. \tag{1.58}$$

Wenn auf der Fläche F der Druck p lastet, so gilt für die Kraft pF. Dabei ist vorausgesetzt, daß Innen- und Außendruck gleich sind. Wird jetzt die Fläche F um das Wegelement $\mathrm{d}x$ bewegt (in Richtung der Kraft), so folgt für die Arbeit: $đA = pF\,\mathrm{d}x$. Dies stimmt bis auf das Vorzeichen mit (1.58) überein, wenn

$$\mathrm{d}V = F \cdot \mathrm{d}x \tag{1.59}$$

berücksichtigt wird. Das negative Vorzeichen berücksichtigt die Aufnahme von Arbeit durch das System, falls eine Volumenverkleinerung stattfindet ($đA > 0$ bei $\mathrm{d}V < 0$). Die Einheit Pa m³ = J ist die einer Arbeit.

Für (1.58) wird zur Übung noch einmal der Nachweis eines unvollständigen Differentials erbracht. Der Einfachheit halber wird (1.26) in der Form

$$V = V(p, T) \tag{1.60}$$

augenommen. Damit ergibt sich aus (1.58)

$$p\,\mathrm{d}V = p\left(\frac{\partial V}{\partial T}\right)_p \mathrm{d}T + p\left(\frac{\partial V}{\partial p}\right)_T \mathrm{d}p. \tag{1.61}$$

Wäre (1.61) ein exaktes Differential, müßte gelten:

$$\left(\frac{\partial}{\partial p}\left(p\,\frac{\partial V}{\partial T}\right)_p\right)_T = \left(\frac{\partial}{\partial T}\left(p\,\frac{\partial V}{\partial p}\right)_T\right)_p \tag{1.62}$$

oder

$$\frac{\partial V}{\partial T} + p\,\frac{\partial^2 V}{\partial T\,\partial p} = p\,\frac{\partial^2 V}{\partial p\,\partial T}. \tag{1.63}$$

Da V eine Zustandsfunktion ist, ist der zweite Term der linken Seite gleich der rechten Seite, so daß

$$\left(\frac{\partial V}{\partial T}\right)_p = 0 \tag{1.64}$$

gelten müßte. Substanzen mit stets verschwindendem Volumenausdehnungskoeffizient (vgl. (1.35a)) sind aber sinnlose thermodynamische Systeme: (1.58) ist ein Diminutiv.

Entsprechend den Fällen a) bis e) von 1.2.4. wird jetzt in Tab. 4 eine Zusammenstellung der Möglichkeiten für die quasistatische thermodynamische Arbeit gegeben. Dabei stehen an erster Stelle im Produkt der Summe (thermodynamische Arbeit am Bereich f)

$$đA_f = \sum_i K_{if}\,\mathrm{d}x_{if} \tag{1.65}$$

die *Arbeitskoeffizienten* K_{if} und an zweiter Stelle erscheinen die Inkremente der *Arbeitskoordinaten* x_{if} (der Index i zählt die verschiedenen Arten von Arbeitskoeffizienten

Tabelle 4

Verschiedene Fälle thermodynamischer Arbeit*) am Bereich f (dieser Index ist weggelassen)

Systemart	$đA = -\sum_i K_i \, dx_i$
einfach	$-p dV$
anisotrop	$V_0 \sum_{i=1}^{6} \sigma_i \, d\varepsilon_i$
(ohne Magnetisierung, ohne Elektrisierung)	(V_0 = Bezugsvolumen)
isotrop, elektrisiert	$-p dV + \boldsymbol{E} \, d(\boldsymbol{P} V)$
isotrop, magnetisiert	$-p \, dV + \boldsymbol{H} \, d(\boldsymbol{J} V)$
Grenzfläche	$-p \, dV + s \, dF$ (F = Oberfläche, s = Kraft pro Länge)

*) Zwei spezielle Fälle verallgemeinerter thermodynamischer Arbeit für offene Systeme (Mengentransport) sollen hier mit den entsprechenden Arbeitskoeffizienten bzw. -koordinaten zusätzlich aufgeführt werden. Beim Transport z-fach geladener Ionen gegen ein elektrisches Potential φ wird die Arbeit

$$đA = \varphi(zF \, dn) \tag{1.65a}$$

verrichtet, wenn dn Mole Ionen bewegt werden (F = FARADAY-Konstante = 96500 C/mol). Geschieht der Transport ungeladener Materie gegen einen Konzentrationsgradienten, so steht statt φ das chemische Potential μ_k (vgl. 2.3) der Komponente k und die Arbeit lautet

$$đA = \sum_k \bar{\mu}_k \, dn_k, \tag{1.65b}$$

wenn dn_k Mole transportiert werden. Die Arbeitskoeffizienten sind φ bzw. $\bar{\mu}_k$ und die Arbeitskoordinaten sind im ersten Fall die Ladung (deshalb die Klammer in (1.65a)) und im zweiten Fall die Menge. Man bezeichnet (1.65a) bzw. (1.65b) als elektrochemische bzw. chemische Arbeit.

am Bereich f). Die Produkte sind stets von der Dimension einer Arbeit, dagegen sind weder die K_{if} von der Dimension einer Kraft noch die x_{if} von der Dimension einer Länge. Entsprechend der Ausführungen von 1.2.4. handelt es sich bei der Systemart in der ersten Spalte um einen Bereich (homogenes Teilsystem; Index f ist weggelassen in Tab. 4). In der dritten Zeile von Tab. 4 erscheint aus Dimensionsgründen der Volumenfaktor V_0.

Analoges gilt für den zweiten Term im Falle des elektrisierten bzw. magnetisierten Bereichs.

Die gesamte Arbeit, die an einem Bereich (Phase f) verrichtet wird, werde mit $đA_{gf}$ bezeichnet und ergibt als Summe

$$đA_{gf} = đA_f + đA_{df} + đA_{ef}. \qquad (1.66)$$

Dabei ist $đA_f$ durch (1.65) gegeben, dagegen stellt $đA_{df}$ *dissipative Arbeitsanteile* (z. B. Reibungsarbeit, elektrische Arbeit) dar. Durch $đA_{ef}$ wird schließlich die äußere Arbeit bezeichnet (z. B. Verschiebung eines ganzen Bereichs in einem äußeren Kraftfeld). Die Summe $đA_f + đA_{df}$ bezieht sich auf innere Zustandsänderungen.

2. Thermodynamische Gesetze

Die Thermodynamik ist eine phänomenologische Theorie, d. h., sie studiert makroskopische Erscheinungen und formuliert makroskopische Gesetze. Sie weiß zunächst nichts vom Atomismus der Materie. Erst die statistische Thermodynamik gibt eine atomistische Begründung für die im folgenden aufgeführten Gesetze. Diese Grundaussagen der Thermodynamik sind als *Existenzaxiome* aufgeschrieben. Dabei wird nicht zwischen reversibler und irreversibler Thermodynamik unterschieden. Das Zeichen $\exists$ wird der Mathematik entliehen und heißt „Es existiert". Die zugehörige Verneinung wird durch $\nexists$ symbolisiert. In jedem Falle ist die *entsprechende Existenzaussage unbedingt durch Erläuterungen physikalischen Gehalts zu ergänzen, denn Axiome der Thermodynamik sind nicht Axiome der Mathematik, da im Rahmen der Physik Entscheidungen über die Richtigkeit einer Aussage anhand des Experiments gefällt werden, womit wie in jeder Wissenschaft auch im speziellen Fall der Thermodynamik allein das Kriterium der Praxis die letzte Entscheidung darstellt.*

2.1. Nullter Hauptsatz (0.HS)

Der nullte Hauptsatz lautet

$$\exists\, \vartheta, \tag{2.1}$$

d. h., es existiert eine empirische Temperatur ϑ. Für jedes thermodynamische System läßt sich eindeutig ein Wert für diese Größe angeben, so daß bei zwei verschiedenen Systemen gesagt werden kann, welches von beiden den größeren Wert von ϑ (z. B. gemessen in °C) besitzt. Zur Definition und Messung von ϑ wird die Volumenausdehnung der Körper benutzt, die bei Erwärmung ein größeres Volumen einnehmen, dem dann wiederum ein größeres ϑ zugeordnet wird. Werden zwei beliebige Systeme in Kontakt miteinander gebracht, so besitzen sie nach hinreichend langer Zeit dieselbe Temperatur ϑ (*Wärmegleichgewicht* oder *thermisches Gleichgewicht*). Die Temperatur wird mit dem Symbol T bezeichnet und dann *absolute Temperatur* (oder empirische KELVIN-*Temperatur*) genannt, wenn sie über die Volumenausdehnung des idealen Gases (*Gasthermometer*) definiert ist, wobei (1.40c) in der Nähe des absoluten Nullpunkts, also für $T = 0$ K, nicht gilt, weil unter diesen Bedingungen das ideale Gas als modellmäßige Näherung nicht existiert, abgesehen von der Verflüssigung realer Gase bei hinreichend niedriger Temperatur. (Die unbefriedigende Situation: (1.40c) setzt eigentlich voraus, daß V und T zwei unabhängig voneinander bestimmbare Größen sind, andererseits wird aber T erst über (1.40c) definiert, soll hier nicht verschwiegen werden.) Der Zusammenhang mit der noch zu definierenden thermodynamischen Temperatur wird in 2.3.1. erklärt, trotzdem verwenden wir schon hier das Symbol T.

Die *Temperatur*, von der wir dann schlechthin sprechen, ist eine *Zustandsgröße*, die also nur vom jeweiligen Zustand des Systems und nicht von dessen Vorgeschichte abhängt. Der Weg, das System von der Temperatur T_1

zur Temperatur T_2 zu bringen, ist gleichgültig (kalte Hände können durch Reiben oder An-den-Ofen-halten wieder auf Körpertemperatur gebracht werden). Es gilt

$$\oint \mathrm{d}T = 0\,. \tag{2.2}$$

Im Zusammenhang mit dem 0.HS soll jetzt die Beziehung zwischen Wärmemenge und Temperatur aufgeschrieben werden. Für die Wärme $đQ$ (keine Zustandsgröße!), die einem System zur Erhöhung seiner Temperatur um $\mathrm{d}T$ zugeführt werden muß, gilt

$$đQ = mc\,\mathrm{d}T\,. \tag{2.3}$$

Nichtinfinitesimale Wärmen werden durch

$$Q = mcT \tag{2.4}$$

dargestellt. Es ist m die Masse des Systems und c die *spezifische Wärme*.

Die Grundgleichungen der Kalorik (2.3) und (2.4) sind als Definitionsgleichungen für die Wärme (Wärmemenge) von ihrer historischen Bedeutung her zu verstehen, da die Wärme über den 1.HS eindeutig als Energiegröße definiert ist. Man spricht bei c heute korrekterweise besser von der spezifischen Wärmekapazität. Die folgende Beispielrechnung liefert sowohl eine Anwendung für (2.4) als auch einen Spezialfall für den ersten Hauptsatz (vgl. 2.2).

In 800 g Wasser mit $\vartheta_W = 15\,°C$ wird ein Aluminiumklotz von 200 g mit $\vartheta_{Al} = 100\,°C$ eingebracht. Welche Mischtemperatur T stellt sich ein, wenn die spezifische Wärme von Aluminium bzw. Wasser $c_{Al} = 0{,}214$ cal/g K bzw. $c_w = 1$ cal/g K ist (es wird ausnahmsweise mit cal gerechnet, weil sich der Wert von c_w dann leicht merken läßt)? Für die Maßzahlen (vgl. (2.7)) gilt $\{T\} = 2{,}73{,}15 + \{\vartheta\}$. Die Wärmemengen vor und nach (Querstrich!) dem Mischen müssen dieselben sein (*Erhaltungssatz*, in diesem Spezialfall kann die Wärme also als Zustandsgröße aufgefaßt werden):

$$\bar{Q}_w + \bar{Q}_{Al} = Q_w + Q_{Al}, \tag{2.5}$$

$$(m_w c_w + m_{Al} c_{Al})\,\bar{T} = m_w c_w T_w + m_{Al} c_{Al} T'_{Al}, \tag{2.6}$$

$$\bar{T} = 322\,\text{K}.$$

Solche Berechnungen sind sinnlos bei Ablauf chemischer Reaktionen, also auch für biologische Systeme (Stoffwechsel!), weil diese sich eben nicht im Gleichgewicht befinden (normalerweise liegt die menschliche Körpertemperatur mit 36 °C sehr weit über der Umgebungstemperatur von etwa 20 °C. Nachdem die Berechnung des Temperaturausgleichs zwischen zwei Körpern erfolgte, kann der 0.HS der Thermodynamik noch einmal anders formuliert werden: Wenn zwei thermodynamische Systeme mit einem dritten System im thermischen Gleichgewicht sind, so sind sie auch miteinander im thermischen Gleichgewicht.

Abschließend soll noch etwas Prinzipielles zur Konstruktion eines *Thermometers* gesagt werden. Es handelt sich um ein hinreichend kleines (damit bei Einstellung des thermischen Gleichgewichts keine merkliche Störung des ursprünglichen Zustandes des Untersuchungsobjekts eintritt) thermodynamisches System (z. B. bestimmte Masse eines idealen Gases, vgl. oben), das mit dem zu untersuchenden System schnell in thermisches Gleichgewicht gebracht werden kann und bei dem eine Größe (z. B. das Volumen der Füllsubstanz) leicht und reproduzierbar ablesbar ist. Da wegen (1.40a) nur Temperaturverhältnisse in praxi festgelegt werden können ($V = 0$ ist praktisch sinnlos) bleibt die Freiheit in der Wahl des absoluten Wertes von T. International wurde 1967 die Größe

$$T = 273{,}16\,\text{K} \tag{2.7}$$

als *Tripelpunkt* des Wassers (Wasser liegt gleichzeitig in festem, flüssigem und gasförmigem Zustand vor) fixiert.

Früher wurde der Siedepunkt bzw. Gefrierpunkt des Wassers mit 373,15 K bzw. 273,15 K festgelegt, so daß sich als Differenz 100 K ergibt. Dies gilt im Rahmen der Meßgenauigkeit auch mit der Festlegung (2.7). – Es sei auf folgendes hingewiesen: 373 K – 273 K = 100 K und 100 °C – 0 °C = 100 K, d. h. Temperaturdifferenzen werden prinzipiell in K angegeben.

2.2. *Erster Hauptsatz (1.HS)*

Der erste Hauptsatz lautet

$$\exists\, E\,, \tag{2.8}$$

d. h., es existiert die Zustandsgröße *innere Energie E*. Diese Größe ist für jedes thermodynamische System eindeutig definiert. Im Falle eines geschlossenen Systems gilt

$$\mathrm{d}E \equiv \text{đ}Q + \text{đ}A\,, \tag{2.9}$$

d. h. die infinitesimale Vergrößerung der extensiven Größe (die Werte E_f für die Phasen f lassen sich addieren) ergibt sich als totales Differential, indem die beiden *Diminutive* der *Wärme* und der *Arbeit* addiert werden. E ist nur bis auf eine additive Konstante bestimmt.

Nunmehr können wir uns den Begriff der inneren Energie veranschaulichen, indem ein *adiabatisches* (thermisch isoliertes) *System* (jedes System kann durch wärmeisolierende Wände zu einem adiabatischen gemacht werden) betrachtet wird. Wir führen diesem System eine Arbeit zu (z. B. Rührwerk in einem Dewargefäß) und sagen, daß die *adiabatische Arbeit* einer Erhöhung der *inneren Energie* (z. B. erkennbar als Temperaturerhöhung des Systems) gleich ist:

$$\text{đ}A_{\mathrm{ad}} = \mathrm{d}E\,. \tag{2.10}$$

Wird nun die thermische Isolation aufgehoben, indem

durch eine beliebige nicht stoffdurchlässige Wand ein *geschlossenes System* geschaffen wird, so kann nunmehr dem System auf nichtadiabatische Weise Arbeit zugeführt werden. Vergleicht man diese Arbeit $đA$ mit der durch (2.10) ermittelten Energiezunahme, wobei das System in den gleichen Endzustand (d. h. gleiches $\mathrm{d}E$) wie im Fall der thermischen Isolation gebracht worden ist, so bleibt ein Restbetrag übrig, den wir als Wärme definieren:

$$đQ \equiv \mathrm{d}E - đA. \tag{2.11}$$

Werden jetzt außer der inneren Energie noch andere Energieanteile betrachtet (d. h. die Energie hängt außer von inneren Zustandsvariablen noch von äußeren Koordinaten der Phase *f* ab), so ist die Gesamtenergie

$$E_g = E + E_{\mathrm{pot}} + E_{\mathrm{kin}} \tag{2.12}$$

zu betrachten, wobei E die innere Energie, E_{pot} die potentielle Energie (abhängig von den Lagekoordinaten des Systems) und E_{kin} die kinetische Energie (abhängig von der makroskopischen Geschwindigkeit des Systems) ist. Der 1.HS lautet dann statt (2.9):

$$\mathrm{d}E_g \equiv đQ + đA \tag{2.13}$$

mit E_g aus (2.12). Dieser Formulierung ist die folgende (wir schreiben wieder einfach E) äquivalent:

$$\oint \mathrm{d}E = 0, \tag{2.14}$$

d. h., werden an einem System in einem *Kreisprozeß* (das System kehrt in seinen Ausgangszustand zurück) beliebige Änderungen (Zufuhr oder Entnahme von Arbeit oder Wärme) vorgenommen, so bleibt seine innere Energie in jedem Fall ungeändert. Anders ausgedrückt: Für eine bestimmte Zustandsänderung ist die Änderung der Energie stets die gleiche, unabhängig vom Weg, auf dem diese Zustandsänderung geschieht.

Bevor nun einzelne Beispiele zum *1.HS* gerechnet werden, sollen *Sonderfälle* von (2.9) und einige Folgerungen geschlossen dargestellt werden. In Anlehnung an Tab. 3 werden in Tab. 5 verschiedene Systeme bzw. Vorgänge dargestellt.

Tabelle 5

Sonderfälle zum 1.HS

Bezeichnung	Art des Systems	Bemerkung
a	abgeschlossen	$\mathrm{d}E = 0$
b	adiabatisch	$đQ = 0$
c	anergisch	$đA = 0$
d	geschlossen	$\mathrm{d}E = đA + đQ$
e	offen	$\mathrm{d}E = đA + đQ$ (fiktiv)

Im Fall a des *abgeschlossenen Systems* gilt wegen $đA = 0$ und $đQ = 0$ auch $\mathrm{d}E = 0$, d. h., $E = \text{const.}$: Die *Energie* ist trivialerweise eine *Erhaltungsgröße*. Das gilt auch, wenn in dem abgeschlossenen System noch irreversible Prozesse stattfinden, die dieses aus dem Nichtgleichgewichts- in den Gleichgewichtszustand bringen.

Der Fall b liefert $\mathrm{d}E = đA = \mathrm{d}A$. Bei *thermisch isoliertem System* (kein Austausch von Wärme, sondern nur von Arbeit mit der Umgebung) kann die Arbeit als „Zustandsgröße" (totales Differential) aufgefaßt werden. Diese Betrachtungsweise wird auch dann für bestimmte Berechnungen (z. B. Akustik; Wellen; Astrophysik) zugrundegelegt, wenn die interessierenden Änderungen viel schneller ablaufen als der Wärmeaustausch erfolgen kann. Obendrein sind die Energieerhaltungssätze der Mechanik und Elektrodynamik Spezialfälle des 1.HS, wenn $đQ = 0$.

Eine andere Vereinfachung ergibt sich im *anergischen* (rein thermisch, kein Austausch von Arbeit mit der Umgebung) *System* bei Fall c. Es gilt $\mathrm{d}E = đQ = \mathrm{d}Q$. Hier kann die Wärme als „Zustandsgröße" („*Wärmestoff*") aufgefaßt werden (vgl. (2.5); Erhaltungssatz der Wärme).

Der allgemeinste Fall d des *geschlossenen Systems* soll noch für den Kreisprozeß diskutiert werden. Aus (2.14) ergibt sich:

$$\oint đA = -\oint đQ, \tag{2.15}$$

d. h., die beiden Wegintegrale müssen zwar entgegengesetzt gleich sein, sind aber keinesfalls Null. Über die Einzelbeiträge von Arbeit und Wärme während des Kreisprozesses ist mit dieser Gleichheit nichts ausgesagt.

Nun noch zu einigen anderen Darstellungen des 1.HS.

A) Wärme ist eine Energieform. Dies liegt durch die Definition (2.11) fest.

B) Eine andere häufig benutzte Formulierung des 1.HS besteht in einer „Konstruktionsvorschrift“: Es läßt sich kein *perpetuum mobile erster Art* (PMI) konstruieren. (Ein PMI ist eine periodisch arbeitende Maschine, die bei einem Umlauf Energie abgibt und sich anschließend wieder in dem gleichen Zustand befindet.) Dies folgt einfach aus (2.14), denn ein Umlauf (Zyklus) entspricht einem Kreisprozeß: Energie kann weder entstehen, noch vernichtet werden.

C) Manchmal wird der Inhalt des 1.HS nicht vollständig wie folgt ausgedrückt: In abgeschlossenen Systemen erfährt E bei infinitesimalen irreversiblen Zustandsänderungen keine Änderung: $(đE)_{\mathrm{irr}} = 0$ (kein totales Differential) oder im Zeitablauf $\frac{(đE)_{\mathrm{irr}}}{\mathrm{d}t} = 0$. (CLAUSIUS: „Die Energie der Welt ist konstant“, vgl. 2.3.1.)

Mit Hilfe des 1.HS soll nun die Energie des idealen Gases berechnet werden. Vorher jedoch wollen wir an dem gleichen Modellsystem den Unterschied der *spezifischen Wärme* bei *konstantem Volumen* c_V bzw. bei *konstantem Druck* c_p (vgl. hierzu (2.3)) bestimmen.

Zu diesem Zweck wird dem idealen Gas in beiden Fällen ($\mathrm{d}V = 0$ bzw. $\mathrm{d}p = 0$) solange Wärme zugeführt, bis die innere Energie um $\mathrm{d}E$ erhöht ist. Für den *isobaren*

(Index p) *Prozeß* lautet der 1.HS (2.9)

$$đQ_p = \mathrm{d}E - đA_p, \tag{2.16}$$

für den isochoren (Index V) *Vorgang* dagegen

$$đQ_V = \mathrm{d}E \tag{2.17}$$

(weil wegen $\mathrm{d}V = 0$ trivialerweise $đA_V = -p\,\mathrm{d}V = 0$, vgl. (1.58)). Unter Benutzung von (1.58) und (2.3) wird aus (2.16) und (2.17)

$$đQ_p = đQ_V + p\,\mathrm{d}V, \tag{2.18}$$

$$mc_p\,\mathrm{d}T = mc_V\,\mathrm{d}T + p\,\mathrm{d}V. \tag{2.19}$$

Es wird sich sofort als richtig erweisen (vgl. (2.26)), daß dieselbe Temperaturerhöhung $\mathrm{d}T$ für beide Fälle anzusetzen ist. Weiter wird (Verwendung von (1.40b))

$$c_p = c_V + \frac{p\,\mathrm{d}V}{m\,\mathrm{d}T} = c_V + \frac{pmr\,\mathrm{d}T}{mp\,\mathrm{d}T} = c_V + r. \tag{2.20}$$

(2.20) ist der Spezialfall einer Beziehung, die sich in (4.15) unter der Voraussetzung des 2.HS ergibt.

Übrigens ist R. MAYER über (2.16) und (2.17) zum mechanischen Wärmeäquivalent (1 cal = 4,187 J; vgl. Tab. 2) gelangt.

Jetzt zur *Energie* des *idealen Gases*. Für einen einfachen Bereich hängt eine thermodynamische Zustandsgröße erfahrungsgemäß von zwei unabhängigen Variablen ab. Wir wählen wie in (1.27) V, T:

$$E = E(V, T). \tag{2.21}$$

Damit wird

$$\mathrm{d}E = \left(\frac{\partial E}{\partial V}\right)_T \mathrm{d}V + \left(\frac{\partial E}{\partial T}\right)_V \mathrm{d}T. \tag{2.22}$$

Mit dem idealen Gas im Volumen V wird nun der GAY-LUSSAC-*Versuch* durchgeführt: In einem isolierten System wird das Gas auf das doppelte Volumen expandiert.

Es gilt $đQ = 0$, $đA = 0$, also auch

$$dE = 0. \tag{2.23}$$

Nach der Expansion wird bei dem Versuch $dT = 0$ gemessen! Aus (2.22) und (2.23) folgt demnach

$$\left(\frac{\partial E}{\partial V}\right)_T = 0, \tag{2.24}$$

d. h.

$$dE = \left(\frac{\partial E}{\partial T}\right)_V dT \tag{2.25}$$

oder

$$E = E(T) \tag{2.26}$$

für das ideale Gas (je niedriger der Druck eines Gases, um so „idealer" ist es). Die Bedeutung des Koeffizienten vor dT in (2.25) ergibt sich leicht durch Vergleich mit $đQ_V$ (siehe (2.17), (2.18) und (2.19)):

$$mc_V = \left(\frac{\partial E}{\partial T}\right)_V. \tag{2.27}$$

Damit kann die Energie des idealen Gases unter Zugrundelegung einer Bezugstemperatur T_0 als (Konstante E_0)

$$E(T) = \int_{T_0}^{T} mc_V(T)\, dT + E_0 \tag{2.28}$$

geschrieben werden. Obendrein ergibt sich (verwende (2.24))

$$\left(\frac{\partial c_V}{\partial V}\right)_T = \frac{1}{m}\left(\frac{\partial}{\partial V}\left(\frac{\partial E}{\partial T}\right)_V\right)_T = \frac{1}{m}\left(\frac{\partial}{\partial T}\left(\frac{\partial E}{\partial V}\right)_T\right)_V = 0, \tag{2.29}$$

d. h., beim idealen Gas hängt c_V nicht vom Volumen ab.

Als nächstes wenden wir den ersten Hauptsatz auf eine *isotherme* bzw. *adiabatische Expansion* eines *idealen*

Gases im geschlossenen bzw. im adiabatischen System an. Für die entsprechenden nichtinfinitesimalen Größen schreiben wir ΔE, A und Q. Zunächst die isotherme Expansion mit Aufnahme von Wärme und Abgabe von Arbeit. Der 1.HS lautet wegen (2.26) gemäß (2.9)

$$\Delta E = Q + A = 0, \tag{2.30}$$

also

$$Q = -A, \tag{2.31}$$

d. h., die aufgenommene Wärme (aus einem Wärmereservoir) wird restlos als Arbeit abgegeben. Die Arbeit läßt sich aber leicht berechnen:

$$A = -\int_{V_1}^{V_2} p \, \mathrm{d}V = -\int_{V_1}^{V_2} mrT \cdot \frac{\mathrm{d}V}{V} = -mrT \ln \frac{V_2}{V_1}. \tag{2.32}$$

Dabei ist V_2 das Volumen nach der Expansion und V_1 das Anfangsvolumen. (1.40b) und Isothermie wurden benutzt.

Ein anderer Ausdruck für die Arbeit entsteht, wenn die Expansion adiabatisch verläuft, denn dann wird das Reservoir an innerer Energie des idealen Gases in Anspruch genommen. Zur Berechnung beschaffen wir uns mittels des 1.HS zuerst eine der BOYLEschen Gleichung (vgl. (1.40d)) entsprechende für adiabatische Zustandsänderungen, nämlich das POISSON*sche Gesetz*:

$$p \cdot V^{\varkappa} = \text{const} \tag{2.33}$$

mit

$$\varkappa = \frac{c_p}{c_V}. \tag{2.34}$$

$\varkappa$ heißt *Adiabatenparameter* (eine Verwechslung mit (1.35c) ist wohl kaum möglich) und ist stets größer als 1, da (2.20) gilt. Im p, V-Diagramm verlaufen die (2.33) entsprechenden Kurven (Adiabaten) steiler als die

Hyperbeln, die durch (1.40d) gegeben sind. Der Beweis für (2.33) lautet:

$$\text{đ}Q = \mathrm{d}E + p\,\mathrm{d}V = 0 \tag{2.35}$$

ist der 1.HS für die adiabatische Expansion. Wegen (2.28) wird

$$mc_V\,\mathrm{d}T + p\,\mathrm{d}V = 0$$

und Verwendung von (1.40b) ergibt

$$mc_V\,\mathrm{d}T + mrT\,\frac{\mathrm{d}V}{V} = 0\,.$$

Integration liefert

$$c_V \ln T + r \ln V = \text{const}\,.$$

Benutzung von (2.20) und (2.34) gestattet folgende Umformung:

$$c_V \ln T + (c_p - c_V) \ln V = \ln T + (\varkappa - 1) \ln V = \text{const}$$

oder

$$T \cdot V^{\varkappa-1} = \text{const}\,, \tag{2.36}$$

oder mit (1.40b) ergibt sich gerade (2.33). Die Konstante const hat jeweils andere Werte. Man kann nun (2.36) in differenzierter Form

$$V^{\varkappa-1}\,\mathrm{d}T + T(\varkappa - 1)\,V^{\varkappa-2}\,\mathrm{d}V = 0$$

benutzen und in (2.32) nach dem dritten Gleichheitszeichen einsetzen, um die adiabatische Arbeit A_{ad} zu erhalten:

$$A_{\mathrm{ad}} = -mr \int\limits_{V_1}^{V_2} T\,\frac{\mathrm{d}V}{V} = \frac{mr}{\varkappa - 1} \int\limits_{T_1}^{T_2} \mathrm{d}T = \frac{mr}{\varkappa - 1}\,(T_2 - T_1)\,. \tag{2.37}$$

Bei Expansion (Entspannung) des Gases ist $T_2 < T_1$,

d. h., das System gibt Arbeit ab. Der umgekehrte Vorgang (Aufnahme von Arbeit und deshalb Erwärmung des Systems) ist bei Luft mit $\varkappa = 1{,}4$ recht instruktiv, wenn diese auf ein $\frac{1}{20}$ ihres Ausgangsvolumens komprimiert wird (*pneumatisches Feuerzeug*). War die Temperatur vorher 15 °C, so beträgt sie nach der Kompression 682 °C, wie sich aus (2.36) leicht ergibt (T in K rechnen!).

2.3. Zweiter Hauptsatz (2. HS)

Hatte der 1.HS die quantitative Gleichheit von Arbeit und Wärme zum Inhalt, so formuliert der 2.HS, wie wir sehen werden, deren qualitative Verschiedenheit. Als unmittelbare Folgerungen des totalen Differentials der Entropie dS werden in diesem Kapitel nach Berechnung einiger Beispiele die thermodynamischen Potentialfunktionen, das chemische Potential, die Gibbs-Gleichung, das Gleichgewichts- und Stabilitätskriterium gebracht.

2.3.1. Totales Differential dS

Der 2.HS lautet

$$\exists\, S, \tag{2.38}$$

d. h., es existiert für jedes thermodynamische System die Zustandsgröße Entropie S (vgl. aber Meixner, 1968). Im Gegensatz zu E hängt die extensive Größe S (additiv zusammengesetzt aus den Werten S_f der einzelnen Bereiche f) nur von den inneren Zustandsvariablen und nicht von den äußeren Koordinaten ab. Für ein beliebiges thermodynamisches System gilt die zeitliche Änderung

$$\frac{\mathrm{d}S}{\mathrm{d}t} = \frac{\text{đ}_i S}{\mathrm{d}t} + \frac{\text{đ}_a S}{\mathrm{d}t}, \tag{2.39}$$

wobei $\mathrm{d}S$ ein totales Differential und $đ_\mathrm{i}S$ bzw. $đ_\mathrm{a}S$ Diminutive sind. Die Aufspaltung der durch (2.39) fixierten *Entropieproduktion* ist durch $đ_\mathrm{a}S = 0$ (adiabatischer Prozeß) festgelegt. Dabei beschreibt die Größe $đ_\mathrm{a}S$ den Entropiefluß nach oder von außen (Wechselwirkung mit der Umgebung: bei geschlossenen Systemen Wärmeaustausch und bei offenen Systemen zusätzlich Entropietransport mittels materiellem Träger). Für die Entropieproduktion im Inneren des Systems gilt stets

$$\frac{đ_\mathrm{i}S}{\mathrm{d}t} \geq 0. \tag{2.40}$$

Das Gleichheitszeichen gehört zu reversiblen Prozessen, das Ungleichheitszeichen zu irreversiblen Vorgängen. Negative Werte von $đ_\mathrm{i}S$ sind unmöglich.

Für geschlossene Systeme und reversible Prozesse läßt sich $\mathrm{d}S$ explizit angeben:

$$\mathrm{d}S = đ_\mathrm{a}S = \frac{đQ}{T}. \tag{2.41}$$

Diese Gleichung definiert (ähnlich dem 1.HS, dort waren es innere Energie und Wärme) gleichzeitig zwei neue Größen: Die Entropie S und die thermodynamische Temperatur T. Diese Paradoxie wird dadurch aufgehoben, daß man sich vergegenwärtigt: T spielt die Rolle eines *integrierenden Nenners*, der das Diminutiv $đQ$ zum exakten Differential $\mathrm{d}S$ macht. — S ist gemäß (2.41) nur bis auf eine additive Konstante bestimmt. $đ_\mathrm{a}S$ kann beliebiges Vorzeichen besitzen, was wegen (2.39) auch für $\mathrm{d}S$ gilt. In Tab. 6 wird eine Zusammenstellung der möglichen Vorzeichen in den einzelnen Fällen gegeben.

Es sollen jetzt noch einige andere Formulierungen für den 2.HS gegeben werden. (Trivial ist: Dem totalen Differential $\mathrm{d}S$ entspricht (Zustandsgröße!)

$$\oint \mathrm{d}S = 0 \tag{2.42}$$

als äquivalente Formulierung.)

Tabelle 6

Vorzeichenaussagen über die Entropieterme für die verschiedenen Systeme und Prozesse

System	offen	geschlossen
Prozeß		
irreversibel (natürlich, $\mathrm{d}_i S > 0$)	$\mathrm{d}S = \mathrm{d}_i S + \mathrm{d}_a S \gtreqless 0, \mathrm{d}_a S \gtreqless 0$	$\mathrm{d}S > \frac{\mathrm{d}Q}{T}$, wie offen
reversibel (quasistatisch, $\mathrm{d}_i S = 0$)	$\mathrm{d}S = \mathrm{d}_a S \gtreqless 0$	$\mathrm{d}S = \frac{\mathrm{d}Q}{T}$, wie offen

System	anergisch	adiabatisch	isoliert
Prozeß			
irreversibel (natürlich, $\mathrm{d}_i S > 0$)	wie geschlossen	$\mathrm{d}S = \mathrm{d}_i S > 0, \mathrm{d}_a S = 0$	wie adiabatisch
reversibel (quasistatisch, $\mathrm{d}_i S = 0$)	wie geschlossen	$\mathrm{d}S = \mathrm{d}_i S = 0, \mathrm{d}_a S = 0$	wie adiabatisch

A) Es ist unmöglich, ein *Perpetuum mobile zweiter Art* (PM II) zu bauen. Nach PLANCK ist ein PM II eine periodisch funktionierende Maschine, die weiter nichts bewirkt als Hebung einer Last und Abkühlung *eines* Wärmereservoirs (ein PM II wäre ideal für Motocamping: Motor und Kühlschrank zugleich). Ein PM II entspricht der Möglichkeit, daß Wärme von niedriger zu höherer Temperatur „fließt", denn die potentielle Energie der gehobenen Last kann in Wärme umgewandelt (Rührwerk) werden, und zwar in einem Wärmereservoir, das eine höhere Temperatur besitzt als das oben genannte abgekühlte Reservoir. Der Wärmestrom von niedriger zu hoher Temperatur aber ist bisher noch nie beobachtet worden, und diese Tatsache ist in (2.40) fixiert. Wir wenden (2.41) auf ein System an, dessen einer Teil die Temperatur T_1 und dessen anderer die Temperatur T_2 ($> T_1$)

besitzt. Wird jetzt vom Teilsystem mit der Temperatur T_1 die Wärme $đQ > 0$ übertragen (wie der Prozeß reversibel zu führen ist, siehe unten vor (2.61)), so gilt

$$\mathrm{d}S_1 = -\frac{đQ}{T_1}. \tag{2.43}$$

Wird nun dieselbe Wärme von T_2 (gemeint ist hier das Teilsystem 2) aufgenommen, so gilt

$$\mathrm{d}S_2 = \frac{đQ}{T_2}. \tag{2.44}$$

Die gesamte Entropieänderung ist

$$\mathrm{d}S = \mathrm{d}S_1 + \mathrm{d}S_2 = đQ\left(\frac{1}{T_2} - \frac{1}{T_1}\right) < 0, \tag{2.45}$$

da $T_2 > T_1$ nach Voraussetzung galt. Da das System als ganzes abgeschlossen war, würde entgegen (2.40) $đ_iS < 0$ gelten, also ein Widerspruch. Ein PM II ist unmöglich.

B) Eine ganz andere Formulierung des 2.HS lautet: Für ein beliebiges thermodynamisches System ist der reversible CARNOT*sche Wirkungsgrad* $\eta_c = 1 - \frac{T_1}{T_2}$. Die Erklärung lautet: Aus (2.33) ging hervor, daß die Adiabaten steiler als die Isothermen im p, V-Diagramm verlaufen. Außerdem hatten wir in diesem Zusammenhang die Arbeit des idealen Gases für isotherme bzw. adiabatische Expansion (vgl. (2.32) und (2.37)) berechnet. Auf Grund dieser Tatsachen läßt sich ein CARNOT*scher Kreisprozeß* (aus Expansionen und Kompressionen zusammengesetzt) kontruieren (vgl. Abb. 4, die gestrichelten Linien interessieren jetzt noch nicht). Die Realisierung eines solchen Zyklus kann nach dem Schema von Abb. 5 erfolgen. Ein ideales Gas befindet sich in einem durch Kolben verschlossenen Zylinder. Dieser kann abwechselnd mit zwei Wärmebehältern verbunden werden, so daß die Möglichkeit der Arbeitsleistung besteht. Die Bezeichnungen für Arbeit und Wärme sind so gewählt, daß sie immer positiv sind: $\bar{A} \equiv -A$, $\bar{Q}_1 \equiv -Q_1$, indem wir uns einmal auf den Standpunkt des Systems

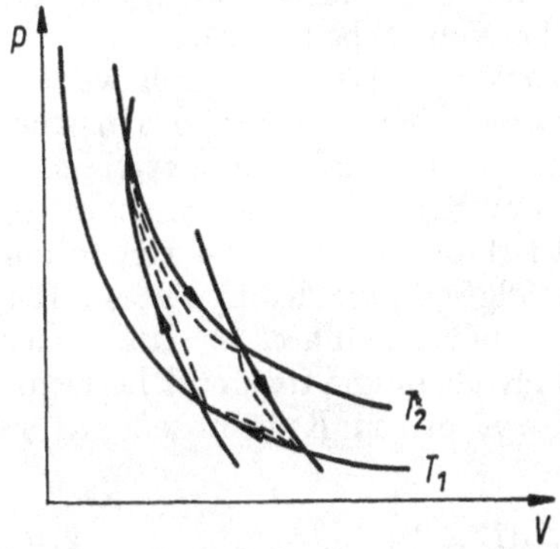

Abb. 4. CARNOTscher Kreisprozeß im p, V-Diagramm (die Isothermen besitzen die Parameter T_1 bzw. T_2)

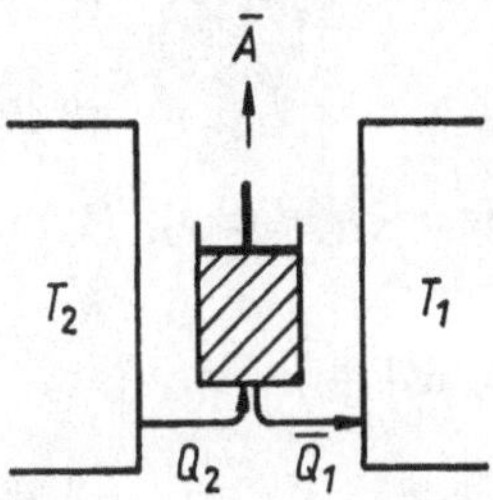

Abb. 5. Realisierung des CARNOTschen Kreisprozesses

und zum anderen Mal auf den der Umgebung (durch den Querstrich angedeutet) stellen. Der CARNOT-Prozeß wird jetzt beschrieben, indem wir den Anfangspunkt in den rechten unteren Schnittpunkt von Abb. 4 legen: Der Zylinder in Abb. 5 ist dann mit dem Wärmereservoir der niedrigen Temperatur T_1 verbunden. Das Gas wird komprimiert und gibt dabei die Wärme Q_1 ab (Q_1 negativ,

$\bar{Q}_1$ positiv). Anschließend wird der Kontakt zum Wärmebad aufgehoben. Das Gas wird unter weiterer Druckzunahme auf der anschließenden Adiabate komprimiert. Dabei erwärmt es sich auf T_2. Nun wird es mit dem Wärmebad der höheren Temperatur T_2 in Kontakt gebracht. Eine isotherme Expansion erfolgt unter Aufnahme von Wärme (Q_2) und Abgabe von Arbeit solange, bis die Adiabate erreicht wird, auf der das Gas durch weitere Expansion (nunmehr wärmeisoliert) wieder in den Ausgangszustand zurückgelangt. Die dabei in der Summe abgegebene Arbeit $\bar{A}$ (vom Kreisprozeß eingeschlossene Fläche in Abb. 4) resultiert daraus, daß die Expansion bei höheren Drucken erfolgt als die Kompression. Der gesamte Prozeß wird reversibel geführt, so daß immer Druckgleichheit zwischen Kolben- und Gasdruck herrscht. Wenden wir den 1.HS auf diesen Kreisprozeß an, so folgt

$$\oint \mathrm{d}E = 0, \tag{2.46}$$

d. h.

$$\oint (đA + đQ) = A + Q_1 + Q_2 = 0,$$

also

$$Q_2 = \bar{Q}_1 + \bar{A}. \tag{2.47}$$

Für ein ideales Gas gilt außerdem (vgl. (2.9), (1.58), (2.28), (1.40b))

$$\begin{aligned} đQ &= \mathrm{d}E + p\,\mathrm{d}V = mc_V\,\mathrm{d}T + p\,\mathrm{d}V \\ &= mc_V\,\mathrm{d}T + \frac{mrT}{V}\,\mathrm{d}V. \end{aligned} \tag{2.48}$$

Division durch T ergibt

$$\frac{đQ}{T} = mc_V\,\frac{dT}{T} + mr\,\frac{\mathrm{d}V}{V}. \tag{2.49}$$

Dieser Ausdruck ist ein *totales Differential*, das sich geschlossen zur Logarithmusfunktion integrieren läßt.

Damit gilt (Wegunabhängigkeit des Integrals!)

$$\oint \frac{đQ}{T} = 0 \tag{2.50}$$

oder bei Anwendung auf den CARNOT-Prozeß

$$\frac{Q_1}{T_1} + \frac{Q_2}{T_2} = \frac{Q_2}{T_2} - \frac{\bar{Q}_1}{T_1} = 0 . \tag{2.51}$$

Stellen wir uns auf den Standpunkt der Umgebung, so ist für uns nur die Arbeit $\bar{A}$ von Nutzen, denn die Wärme $\bar{Q}_1$ ist nicht mehr verwertbar (es sei T_1 z. B. die Temperatur der Außenluft). Um diese Arbeit zu gewinnen, mußte die Wärme Q_2 aufgewendet werden. In diesem Sinne kann der *Wirkungsgrad* des CARNOTschen Kreisprozesses definiert werden als (Benutzung von (2.47) und (2.51))

$$\eta_c \equiv \frac{\bar{A}}{Q_2} = \frac{Q_2 - \bar{Q}_1}{Q_2} = 1 - \frac{\bar{Q}_1}{Q_2} = 1 - \frac{T_1}{T_2} < 1 . \tag{2.52}$$

Dieser Wirkungsgrad hängt nur von den Temperaturen ab! Er ist stets kleiner (weil $T_1 < T_2$) als 1 und würde nur 1, wenn $T_1 = 0$ K erreichbar wäre. Für Verbrennungskraft- und Dampfmaschinen bedeutet (2.52) (da T_1 meistens festliegt: Außentemperatur), daß der Wirkungsgrad mit steigender Betriebstemperatur T_2 wächst.

Der CARNOT-Prozeß ist bisher mit einem idealen Gas durchgeführt worden. Wird der gleiche Prozeß mit einem beliebigen thermodynamischen System durchgeführt, so gilt zunächst nur der 1.HS. Der 2.HS, wie er sich in der Form (2.50) wegen (2.49) ergab, gilt für einen beliebigen Arbeitsstoff zunächst nicht (vgl. dazu aber (2.41) und (2.42)). Es muß also ein von η_c (vgl. (2.52)) verschiedener Wirkungsgrad η_x angesetzt werden. Nunmehr können wir den in Abb. 6 dargestellten gekoppelten Prozeß durchführen. Das beliebige thermodynamische System durchläuft den CARNOT-Prozeß der Abb. 4 mit dem Wirkungsgrad η_x. Ein Teil der gewonnenen Arbeit $\bar{A}_x$ wird verwendet, um mit einem in umgekehrter Richtung (möglich wegen der reversiblen Prozeßführung) laufen-

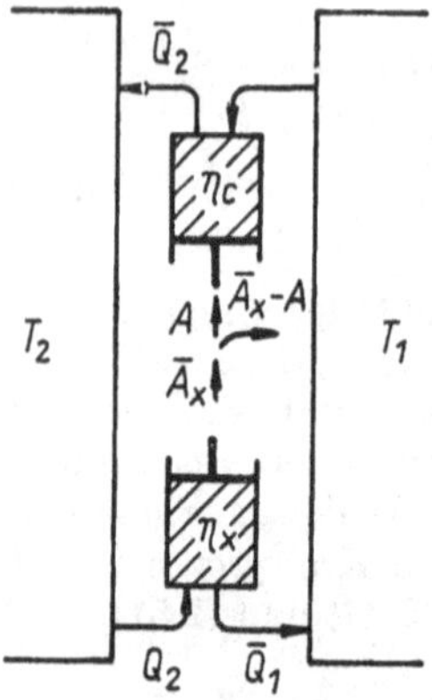

Abb. 6. Kopplung einer CARNOT-Maschine mit idealem Gas als Arbeitsstoff (Wirkungsgrad η_C) und einer CARNOT-Apparatur mit beliebigem Arbeitsstoff (Wirkungsgrad η_x)

den CARNOT-Prozeß (ideales Gas, Wirkungsgrad η_c) die dem Wärmereservoir entzogene Wärme wieder in dieses hineinzuschaffen. Es gilt

$$\eta_x = \frac{\bar{A}_x}{Q_2}, \tag{2.53a}$$

$$\eta_c = \frac{A}{\bar{Q}_2} = \frac{\bar{A}}{Q_2}, \tag{2.53b}$$

d. h., die Arbeit

$$\Delta \bar{A} = \bar{A}_x - \bar{A} = (\eta_x - \eta_c)\, Q_2 \tag{2.53c}$$

ist positiv, falls $\eta_x > \eta_c$ und sie ist negativ, falls $\eta_x < \eta_c$. Der erste Fall ist unmöglich, weil die Arbeit $\Delta \bar{A}$ allein durch Wärme aus dem Reservoir T_1 gedeckt worden wäre. Es läge ein PM II vor. Der zweite Fall ist aber genauso unmöglich, weil ja alle Prozesse reversibel (quasistatisch) geführt worden sind, so daß die Umkehrung beider Kreisprozesse auch für $\eta_x < \eta_c$ eine positive Arbeit liefert, indem nur einem Reservoir Wärme entzogen wird. Wieder läge ein PM II vor. Es kann also nur

$$\eta = \eta_x = \eta_c = 1 - \frac{T_1}{T_2} = \frac{T_2 - T_1}{T_2} \tag{2.54}$$

gelten, womit die Formulierung B) bewiesen ist. Damit ist aber auch gleichzeitig (2.50) für ein beliebiges thermodynamisches System bewiesen.

Es ist offensichtlich, daß diese Aussage auch für beliebige reversible Kreisprozesse gilt, denn nach Abb. 7 läßt sich jeder Kreisprozeß mit beliebig guter Näherung

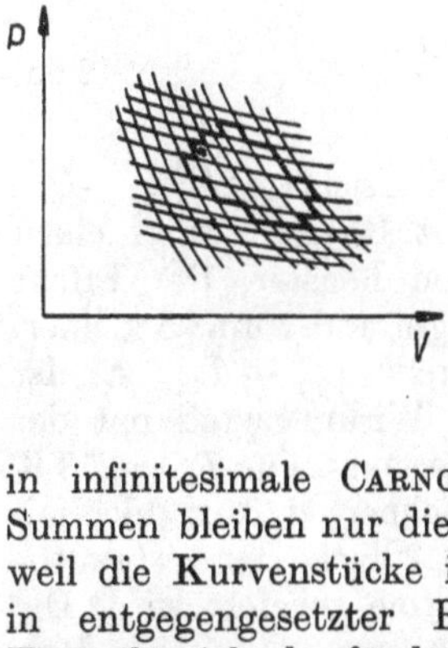

Abb. 7. Zerlegung eines beliebigen Kreisprozesses in infinitisimale CARNOT-Zyklen

in infinitesimale CARNOT-Prozesse zerlegen. Von den Summen bleiben nur die Beiträge der Randkurve übrig, weil die Kurvenstücke im Innern jeweils zweimal und in entgegengesetzter Richtung durchlaufen werden. Es ergibt sich also für beliebig geformte Kurve bei einem Kreisprozeß eines beliebigen geschlossenen thermodynamischen Systems gerade (2.50). Das ist aber nichts anderes als (2.42), wenn (2.41) berücksichtigt wird. In diesem Zusammenhang erscheint die unterhalb (2.41) erwähnte Paradoxie nochmals aus einem anderen Blickwinkel, wobei obendrein der unter 2.1. genannte Zusammenhang zwischen *Gasthermometer- und thermodynamischer Temperatur* geklärt wird. Es läßt sich nämlich aus (2.54), worin die Gasthermometertemperaturen stehen, umgekehrt durch eine Wirkungsgradmessung die thermodynamische Temperatur (beliebiges System!) definieren. Das Experiment ergibt nur sehr geringe Abweichungen zwischen beiden Temperaturen, wenn verschiedene ideale Gase (z. B. H_2) zur Messung verwendet werden.

Erwähnenswert ist im Zusammenhang mit dem Carnot-Prozeß noch die aus der Reversibilität folgende *Wärmepumpe* bzw. *Kältemaschine*: Der Kreisprozeß wird dann in umgekehrter Richtung (vgl. Abb. 4) durchlaufen. Unter Aufwand der Arbeit $|\bar{A}|$ wird einem Reservoir T_2 die Wärme zugeführt bzw. einem anderen Reservoir (T_1) die Wärme entzogen. Für den „Wirkungsgrad" der Wärmepumpe ist sinnvollerweise

$$\eta_w = \frac{\bar{Q}_2}{A} = \frac{T_2}{T_2 - T_1} \tag{2.55}$$

anzusetzen (vgl. (2.52) und berücksichtige $\bar{Q}_2 = -Q_2$). Realisiert ist eine Wärmepumpe z. B. schon durch einen offenen Kühlschrank am offenen Fenster. Der Effekt ist aber sehr gering. Der Wirkungsgrad ist um so kleiner, je größer die Temperaturdifferenz $|T_1 - T_2|$ ist. Ist diese vorgegeben, so steigt der Wirkungsgrad mit der Temperatur T_2 des heißeren Reservoirs. Für $T_1 = 273$ K und $T_2 = 289$ K kann man berechnen, daß im Idealfall mit einer Wärmepumpe etwa das 20fache der verbrauchten elektrischen Energie als Wärme geliefert wird. Die Wärmepumpe ist also z. B. der direkten elektrischen Heizung wesentlich überlegen. Für kleinere Aggregate (z. B. im Zusammenhang des Peltier-Effekts auf Halbleiterbasis) ist die Realisierung recht aussichtsreich, während bei größeren Anlagen die Investitionen und die Unterhaltung bisher eine Verwirklichung verbieten.

Analog läßt sich für die Kältemaschine

$$\eta_k = \frac{Q_1}{A} = \frac{T_1}{T_2 - T_1} \tag{2.56}$$

schreiben. Der Wirkungsgrad einer Kältemaschine ist um so besser, je kleiner die Temperaturdifferenz $T_2 - T_1$ ist (ein Kühlschrank verbraucht bei sommerlicher Hitze mehr Strom), und er ist um so schlechter, je niedriger T_1 ist (die Erzeugung sehr niedriger Temperaturen ist also schwierig).

Wenn in Abb. 4 bzw. Abb. 5 die Prozesse irreversibel ablaufen, so sind bei den Expansionen die Druckwerte des Gases größer als der Außendruck und für die Kompressionen gilt das Umgekehrte. Es entstehen die gestrichelten Linien in Abb. 4, so daß die durch die eingeschlossene Fläche repräsentierte Arbeit $\bar{A}$ kleiner wird, also (η_{irr} ist der Wirkungsgrad bei irreversiblem Prozeß)

$$\eta_{irr} < \eta_c \tag{2.57}$$

gilt.

Da dem Carnot-Prozeß im Zusammenhang mit der Erläuterung des 2.HS ein ziemlich breiter Raum gewidmet wurde (dagegen kann auf das Caratheodory-Prinzip aus Platzgründen nicht näher eingegangen werden. Es sei nur angedeutet: In der Nähe eines beliebigen Zustandes eines adiabatischen Systems existieren Nachbarzustände, die von diesem beliebigen Zustand aus adiabatisch reversibel nicht erreichbar sind. Zum Vergleich halte man sich vor Augen, daß bei einem isothermen Prozeß, von einem Zustand mit der Temperatur T_1 ausgehend, kein Zustand mit der Temperatur $T_2 \neq T_1$ erreicht werden kann. Der der Temperatur T auf der Isothermen äquivalente Parameter auf der Adiabaten ist natürlich die Entropie, vgl. (2.41): $\mathrm{d}S = 0$, weil $đQ = 0$; Näheres hierzu vgl. Elsner, 1973), mögen wenigstens einige Bemerkungen zu den technisch bedeutsamen Kreisprozessen im Zusammenhang mit den thermodynamischen Maschinen überhaupt gestattet sein (Einzelheiten vgl. Elsner, 1973). Aus der Behandlung des Carnot-Prozesses (vgl. auch Wärmepumpe und Kältemaschine; es mag nicht unerwähnt bleiben, daß Carnot im Jahre 1824 mit seinem isotherm-isentropen Zyklus eine Theorie der Dampfmaschine schaffen wollte) geht das Prinzip jeder Wärmekraftmaschine (besser wäre der Begriff Wärmearbeitsmaschine) hervor. Es basiert darauf, daß der einmalige Prozeß der Bereitstellung einer gewissen Arbeit durch ein Arbeitsmittel zu einem zyklischen Prozeß vervollständigt wird, bei dem das Arbeitsmittel sich nach dem Durchlaufen eines vom Hinweg verschiedenen Rückwegs wieder im Ausgangszustand befindet. Kreisprozesse können also kontinuierlich Arbeit bereitstellen. Sie werden in der Technik verwirklicht, indem im geschlossenen System mit immer derselben konstanten Arbeitsmittelmasse oder im offenen System im stationären Betrieb gearbeitet wird.

Bei Gewinnung von Arbeit (Rechtsprozesse: Durchlauf im Uhrzeigersinn im p, V-Diagramm, vgl. Abb. 4) muß Wärme aus einem Reservoir höherer Temperatur zur Verfügung gestellt werden, wobei gleichzeitig „Abwärme" an ein Reservoir mit niedrigerer Temperatur übergeht (technische Formulierung des 2.HS: Es gibt keine technischen Kreisprozesse ohne Abwärme). Bei Erzielung von Wärmeeffekten (Linksprozesse: Durchlauf des Kreisprozesses entgegen dem Uhrzeigersinn im p, V-Diagramm) muß Arbeit aufgewendet werden, um ein Reservoir höherer Temperatur zu heizen (Wärmepumpe) oder um ein Reservoir niederer Temperatur zu kühlen (Kältemaschine). Auf die hervorragende Bedeutung der Enthalpie bei entsprechenden technischen Prozessen wird weiter unten kurz eingegangen. Hier dagegen sollen einige Bewertungskriterien und Modellprozesse für technische Kreisprozesse erwähnt werden.

Als Bewertungskriterium dient neben dem thermischen Wirkungsgrad η (2.54) die Kreisprozeßarbeit $\bar{A}$ (vgl. (2.47)). Beide Größen werden in einem kartesischen Koordinatenkreuz (Kreisprozeßcharakteristik) aufgetragen, wobei als Parameter die Verhältnisse von während des Prozesses auftretenden maximalen zu minimalen Drucken bzw. Temperaturen dienen. Der Idealfall läge vor, wenn möglichst hohes $\bar{A}$ und η bei technisch bequem zu realisierenden Drucken und Temperaturen erreichbar wäre. Damit wird die Realisierung eines Kreisprozesses auch gleichzeitig zum ökonomischen Problem (z. B. wird die Verwirklichung hoher Druckunterschiede, d. h. sehr hoher Drucke, sehr kostspielig). Der ökonomische Aspekt soll anhand zweier Gedanken noch etwas expliziert werden. Wird von einer Wärmekraftmaschine eine bestimmte Nutzleistung gefordert, so ergibt diese sich als Produkt aus der Kreisprozeßarbeit $\bar{A}$, bezogen auf die Masse, mal dem in der Maschine bewegten Massestrom. Der letztere jedoch bestimmt die Anlagengröße im Detail und insgesamt, so daß Abschätzungen der Anschaffungskosten möglich sind. Dagegen gestattet der thermische Wirkungsgrad Rückschlüsse auf die Betriebskosten, weil wegen (2.52) ein Maß für den zuzuführenden Wärmestrom vorliegt (wenn die Leistung vorgegeben ist: $\bar{A}$ bzw. Q_2 sind in (2.52) auf die Zeiteinheit zu beziehen): Die Kosten steigen mit dem zuzuführenden Wärmestrom, d. h. mit sinkendem η.

Abschließend sollen zu diesem Problemkreis einige Modellprozesse Erwähnung finden. Im Gegensatz zum Isothermen-Isentropen-Prozeß CARNOTS (der auf Grund seiner Kreisprozeßcharakteristik technisch undiskutabel ist, weswegen auch der Versuch DIESELS, einen „Wärmemotor" nach dem CARNOT-Prinzip zu bauen, scheiterte, vgl. ELSNER, 1973) gibt es einerseits den Isothermen-Isobaren-Prozeß nach ACKERET-KELLER (ideale Kreisprozeßcharakteristik, Isothermenverwirklichung praktisch unmöglich, vgl. ELSNER, 1973) und andererseits den (mehrstufigen) Isobaren-Isentropen-Prozeß nach JOULE (einfachster Modellprozeß für geschlossene und offene Gasturbinenanlagen). Auf Einzelheiten bei den technisch so bedeutungsvollen Verbrennungsmotoren (OTTO- und DIESEL-Prozeß) kann hier nicht eingegangen werden. Handelte es sich bei den bisher erwähnten Prozessen um solche, die als Arbeitsmittel das ideale Gas benutzen, so sind die technisch wichtigen Dampfkreisprozesse dadurch gekennzeichnet, daß die in ihnen verwendeten Energieträger Gase in der Nähe ihres Verflüssigungspunktes sind. Rechtsprozesse sind dabei im sogenannten Dampfkraftanlagen und Linksprozesse in der Kältetechnik von Bedeutung. Auf die entsprechenden Zustandsänderungen von Dämpfen kann hier nicht eingegangen werden. Dagegen soll weiter unten beim THOMSON-JOULE-Effekt ein spezielles Verhalten der Dämpfe herausgegriffen werden.

Nach diesen Bemerkungen zu technischen Aspekten der Thermodynamik, die aus Platzgründen leider auch keine Hinweise auf die moderne Elektroenergiegewinnung (Kernkraftwerk, Spitzenlastkraftwerke) zulassen, wenden wir uns nun wieder den physikalischen Gedankengängen zum 2.HS zu.

Besonderer Betonung bedarf die Tatsache, daß im Fall A) und B) Formulierungen des 2.HS vorliegen, die letztlich auch *ohne* den *Entropiebegriff* Gültigkeit haben (*entropiefreie Thermodynamik*).

C) Eine letzte unvollständige Formulierung des 2.HS entsprechend Fall C) des 1.HS soll jetzt noch angeschlossen werden. Bei infinitesimalen, irreversiblen Zustandsänderungen in abgeschlossenen Systemen erfährt S immer eine positiv definite Änderung $\mathrm{d}S = \text{đ}_i S > 0$. (CLAUSIUS: „Die Entropie der Welt strebt einem Maximum zu", vgl. 2.2. zur Energie.)

Die allgemeinen Ausführungen mögen jetzt durch eine historische Bemerkung, die den 2.HS für ein geschlossenes System betrifft, abgeschlossen werden. Der 2.HS lautet dann

$$\mathrm{d}S \geq \frac{\text{đ}Q}{T} \quad \left.\begin{matrix}\text{irreversibler} \\ \text{reversibler}\end{matrix}\right\} \text{Prozeß}. \tag{2.58}$$

Schon für CLAUSIUS war das Größer-als-Zeichen im Fall irreversibler Prozeßführung unbefriedigend, und er hat eine Größe $\text{đ}Q'$ unter der nicht glücklichen Bezeichnung „*nichtkompensierte Wärme*" mit der Bedingung

$$\text{đ}Q' \geq 0 \quad \begin{matrix}\text{irreversibel} \\ \text{reversibel}\end{matrix} \tag{2.58a}$$

eingeführt, wobei $đQ$ die mit der Umgebung ausgetauschte Wärme und $đQ'$ die bei irreversiblen Vorgängen im Innern des Systems entstehende Wärme bedeutet. Damit wird für geschlossene Systeme

$$\mathrm{d}S = \frac{\mathrm{d}Q}{T} + \frac{đQ'}{T}, \tag{2.58b}$$

womit das in (2.39) und (2.40) stehende $đ_i S$ als

$$đ_i S = \frac{đQ'}{T} \tag{2.58c}$$

erklärt wäre.

Eine letzte Bemerkung, bevor wir zu Beispielrechnungen übergehen: Der Entropiebegriff wird formal durch folgende Analogiebetrachtung plausibel. In (1.65) setzt sich ein Beitrag zur thermodynamischen Arbeit an der Phase f jeweils aus einer intensiven Größe K_{if} und aus dem Zuwachs einer extensiven Größe $\mathrm{d}x_{if}$ zusammen. Da nach dem 1.HS Arbeit und Wärme Energiegrößen sind, kann man formal (!) nach der zur intensiven Größe T gehörigen extensiven Größe fragen, die im Produkt gerade die Wärme $đQ$ ergibt, und findet $\mathrm{d}S$ (geschlossenes System, reversibler Vorgang) gemäß

$$đQ = T \cdot \mathrm{d}S\,.$$

An den Umgang mit dem Entropiebegriff gewöhnt man sich am schnellsten, wenn man sie für verschiedene Fälle berechnet. Es wird zuerst nach der Entropieänderung (bei der Entropie interessieren zunächst wie bei der Energie nur Differenzen und keine Absolutwerte, vgl. aber 2.4.) $S_2 - S_1$ bei irreversibler Expansion eines idealen Gases der Masse m vom Volumen V_1 auf das Volumen V_2 gefragt. Die Expansion erfolge ohne Zufuhr von Arbeit und Wärme. Die innere Energie und damit die Temperatur des idealen Gases bleiben also konstant. Wir würden wegen $đQ = 0$ keine Entropieänderung erhalten, jedoch läßt sich eine solche ja nur für reversible Prozeßführung berechnen (vgl. Tab. 6). Man muß also, um die Entropieänderung (sie ist die einzige Kenngröße dafür, daß mit dem System etwas geschehen ist) aufzufinden, einen *reversiblen Ersatzprozeß* suchen, der die fragliche Berechnung zuläßt. Es läßt sich z. B. die isotherme Expansion des Gases von (T, V_1) auf (T, V_2) benutzen, wobei Wärme aus einem Wärmebad aufgenommen wird, so daß Gasdruck und Kolbendruck immer gleich sind (reversibler Vorgang im geschlossenen System). Wegen T = konstant (vgl. (2.26)) gilt $\mathrm{d}E = 0$, also nach (2.9)

$$đQ = -đA = p\,\mathrm{d}V = mrT\,\frac{\mathrm{d}V}{V}, \qquad (2.59)$$

d. h., die Arbeit wird durch die aufgenommene Wärme gedeckt (es wurden (1.58) und (1.40b) benutzt). Mit dieser aber ergibt sich die Entropieänderung laut (2.41):

$$S_2 - S_1 = \int\limits_{V_1}^{V_2} \frac{đQ}{T} = mr \int\limits_{V_1}^{V_2} \frac{\mathrm{d}V}{V} = mr \ln \frac{V_2}{V_1}. \qquad (2.60)$$

Das ist aber auch gleichzeitig der Wert für den oben angegebenen irreversiblen Prozeß, da die Entropie eine Zustandsgröße ist, also ihre Änderungen unabhängig vom Weg der Zustandsänderungen sind. Übrigens ist (2.59) der Beweis dafür, daß die manchmal zu findende Formulierung des 2.HS „Wärme läßt sich nicht vollständig in Arbeit umformen“ falsch ist. Ebenso falsch ist es zu versuchen, den 2.HS über mechanische Analoga mittels energetischer Betrachtungen zu „verifizieren“. (Es sei ausdrücklich davor gewarnt.)

Es soll nun noch gezeigt werden, daß auch ein anderer reversibler Ersatzprozeß den gleichen Wert für $S_2 - S_1$ wie in (2.60) liefert: Wir denken uns beispielsweise das Gas adiabatisch-reversibel vom Volumen V_1 auf das Volumen V_2 expandiert. Dabei sinkt die Temperatur von T auf T', die Entropie bleibt aber wegen $đQ = 0$ konstant (deshalb spricht man auch von *isentropen Vorgängen*). Nun muß das Gas durch reversible Wärmezufuhr wieder von T' auf T erwärmt werden. Der 1.HS lautet für diesen letzten Prozeß infolge $\mathrm{d}V = 0$

$$\mathrm{d}E = đQ$$

oder wegen (2.28)

$$mc_V \,\mathrm{d}T = đQ.$$

Also wird

$$S_2 - S_1 = \int\limits_{T'}^{T} \frac{đQ}{T} = mc_V \ln \frac{T}{T'}. \qquad (2.60\,\mathrm{a})$$

Auf Grund von (2.36) wird daraus

$$S_2 - S_1 = mc_V \ln \left(\frac{V_2}{V_1}\right)^{\varkappa - 1} = mc_V \ln \left(\frac{V_2}{V_1}\right)^{\frac{c_p - c_V}{c_V}}$$

$$= m(c_p - c_V) \ln \frac{V_2}{V_1} = mr \ln \frac{V_2}{V_1}, \qquad (2.60\,\mathrm{b})$$

d. h. unter Benutzung von (2.20) ergibt sich der gleiche Wert (2.60).

Auch für den irreversiblen Vorgang des *Wärmeübergangs* läßt sich prinzipiell die Entropieänderung bestimmen, indem zwei Körper (mit den Temperaturen T_1 und $T_2 > T_1$; als abgeschlossenes System betrachtet) in Kontakt gebracht werden und der entsprechende Wärmeübergang in Rechnung gestellt wird. Wieder wird der natürliche (also irreversible) Vorgang in dem abgeschlossenen System, bei dem ja weder Wärme noch Arbeit mit der Umgebung ausgetauscht werden (also keine Energieänderungen!) durch einen reversiblen Prozeß im geschlossenen System ersetzt, damit die den stattgefundenen Prozeß allein kennzeichnende Größe, die Entropie, berechnet werden kann. Wir bezeichnen den Wert der Entropie des Gesamtsystems zu Beginn des

Wärmeübergangs mit S_A und den Wert am Ende des Prozesses mit S_E. Die Wärme $đQ$ soll von T_2 auf T_1 übergehen. Reversibel ist dies nur möglich, wenn der „Körper" T_2 mit einem Reservoir der Temperatur $T_2 - \mathrm{d}T$ ($\mathrm{d}T$ infinitisimal, damit der Vorgang als reversibel betrachtet werden kann) und der „Körper" T_1 mit einem Wärmebad der Temperatur $T_1 + \mathrm{d}T$ in Kontakt gebracht wird. Dabei soll der „Körper" T_2 die Wärme $đQ$ abgeben und der „Körper" T_1 die Wärme $đQ$ aufnehmen. Dies entspricht einem reversiblen Übergang der Wärme $\mathrm{d}Q$ von T_2 nach T_1 und damit ist also der irreversible Prozeß des direkten Wärmeübergangs durch einen reversiblen Vorgang ersetzt. Die Entropieänderung ist jetzt mittels (2.41) berechenbar:

$$\mathrm{d}S = \mathrm{d}S_1 + \mathrm{d}S_2 = \frac{đQ}{T_1} - \frac{đQ}{T_2}. \qquad (2.61)$$

Die Vorzeichen entsprechen der Aufnahme bzw. Abgabe der hier positiv gerechneten Größe $đQ$. Es wird

$$S_E - S_A = \mathrm{d}S = \frac{đQ}{T_1 \cdot T_2}(T_2 - T_1) > 0 \qquad (2.62)$$

wegen $T_2 > T_1$, womit auch für den ursprünglichen Prozeß (irreversibel) im abgeschlossenen System eine Entropiezunahme erfolgt.

Als letztes Beispiel soll die Entropiezunahme bei der Mischung zweier idealer Gase berechnet werden. Es handelt sich um die *isotherme Diffusion zweier Gase* ineinander (wenn zwischen den beiden Volumina V_1 mit Gas 1 und V_2 mit Gas 2 eine Trennwand entfernt wird), deren reversibler Ersatzprozeß nach PLANCK im Gedankenexperiment (vgl. Abb. 8) folgendermaßen abläuft:

Die beiden Gase sollen das gleiche Volumen ($V_1 = V_2 = V$) einnehmen. Die gezeichneten Zylinder lassen sich ineinanderschieben. Der Boden eines Zylinders ist jeweils durchlässig für die andere Gasart, so daß Mischung nur im doppelt schraffierten Bereich eintritt. Durch Auseinanderziehen der Zylinder kann wieder vollständige Entmischung erreicht werden (reversible Prozeßführung!). Am Ende des Vorgangs nimmt das Gasgemisch gerade das Volumen ein, das jedes Gas einzeln zu Beginn

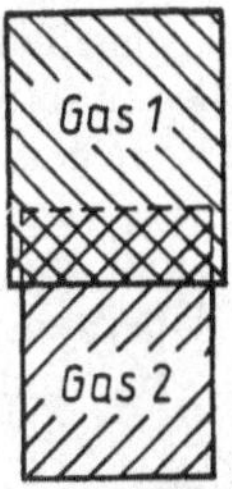

Abb. 8. PLANCKsches Gedankenexperiment zur reversiblen Mischung zweier idealer Gase

ausfüllte. Da bei dem Mischvorgang selbst keine Wärme ausgetauscht wird, ist die Entropieänderung dabei Null. Jedoch hat sich das Volumen des Gesamtsystems verändert, womit nach (2.60) eine Entropieänderung verbunden ist. Dies kann man berücksichtigen, indem man die Mischung in zwei Schritten vornimmt. Erster Schritt: Gas 1 wird reversibel-isotherm vom Volumen V_1 auf das Volumen $V_1 + V_2$ gebracht, Gas 2 analog von V_2 auf $V_1 + V_2$. Die gesamte Entropieänderung (zweimalige Anwendung von (2.60)) wird

$$\Delta S = \Delta S_1 + \Delta S_2 = m_1 r_1 \ln \frac{V_1 + V_2}{V_1} + m_2 r_2 \ln \frac{V_1 + V_2}{V_2}. \tag{2.63}$$

Zweiter Schritt: Reversible Mischung auf die PLANCKsche Art, wobei das Endvolumen wie im irreversiblen Fall $V_1 + V_2$ ist. Hierbei tritt keine Entropieänderung auf. Demzufolge ist die Entropieänderung für den irreversiblen Vorgang im geschlossenen System durch (2.63) gegeben. Wird noch $V_1 = V_2 = V$ berücksichtigt, ergibt sich

$$\Delta S = \ln 2(m_1 r_1 + m_2 r_2). \tag{2.64}$$

Man erhält daraus das sogenannte GIBBS*sche Paradoxon*, wenn man die beiden Gase als gleich ansetzt ($r_1 = r_2$). Entfernt man die Trennwand zwischen zwei gleichen Gasen, so ist makroskopisch nichts geschehen, also müßte $\Delta S = 0$ gelten. Jedoch ergibt sich nach (2.64) ein endlicher Wert. Der Grenzübergang zur gleichen Gasart ist also unzulässig. Er steht im Widerspruch zum Atomismus der Stoffe. Es gibt keinen stetigen Übergang zwischen Atomen verschiedener Stoffe (z. B. H_2 und He).

Setzt man zusätzlich zu $T = \text{const.}$ Druckgleichheit der beiden Gase rechts und links der Trennwand an, so ergibt sich aus (2.63) noch folgender Ausdruck (Benutzung von (1.40b) und (1.40c)):

$$\Delta S = \bar{r}\left(n_1 \ln \frac{n_1 + n_2}{n_1} + n_2 \ln \frac{n_1 + n_2}{n_2}\right). \tag{2.65}$$

Diese sehr nützliche Verallgemeinerung auf Stoffmengen läßt sich auch auf andere Probleme als Gasmischungen übertragen.

2.3.2. GIBBS*sche Gleichung*

Nachdem nunmehr der 0.HS, der 1.HS und der 2.HS formuliert sind, kann die *Fundamentalgleichung der Thermodynamik* formuliert werden. Diese heißt GIBBS*sche Gleichung* und lautet für eine Phase f

$$\mathrm{d}E_f = T_f\,\mathrm{d}S_f + \sum_{i=1}^{I} K_{if}\,\mathrm{d}x_{if} + \sum_{k=1}^{K} \bar{\mu}_{kf}\,\mathrm{d}n_{kf}. \tag{2.66}$$

Die Fundamentalgleichung soll als *Definitionsgleichung* für das Differential der *Entropie* im allgemeinsten Fall und demzufolge als Teil des 2.HS betrachtet werden, der damit abschließend und endgültig unter Hinzuziehung des 0. und 1.HS formuliert ist.

Zur Erläuterung der Gl. (2.66) seien noch einmal die auf die Phase f bezogenen Größen zusammengetragen: E_f ist die *Energie* (vgl. 2.2.), T_f ist die *thermodynamische Temperatur*, S_f ist die *Entropie* (vgl. 2.3.1.), K_{if} bzw. x_{if} sind die in (1.65) eingeführten *Arbeitskoeffizienten* und *Arbeitskoordinaten* (es soll deren I Stück geben), $\bar{\mu}_{kf}$ ist das *chemische Potential* (vgl. (1.25)), das in 2.3.3. noch ausführlicher behandelt wird, und n_{kf} ist die Stoffmenge der Komponente k, deren K Stück existieren sollen.

Anhand eines Beispiels soll (2.66) veranschaulicht werden. Dazu wird in einem geschlossenen System nur Volumenarbeit nach (1.58) angenommen. Es handle sich um eine Phase. Wird dem System die Arbeit (1.58) und die Wärme $đQ$ zugeführt, so gilt mit (2.41) gemäß dem 1.HS (2.9)

$$\mathrm{d}E = đQ + đA = T\,\mathrm{d}S - \mathrm{p}\,\mathrm{d}V. \qquad (2.66\mathrm{a})$$

Man sieht, daß (2.66a) ein Spezialfall von (2.66) ist, wobei der Arbeitskoeffizient $-p$ und die Arbeitskoordinate V ist. In dem System finden keine chemischen Reaktionen und nach Voraussetzung kein Massenaustausch mit der Umgebung statt (der letzte Term in (2.66) ist also Null).

Die Gibbssche Gleichung (2.66) enthält in den Differentialen extensive Größen als Zustandsvariablen (die übrigen Variablen sind intensive Größen). Deshalb läßt sich unter Anwendung des Eulerschen Satzes (1.20) auf alle auftretenden extensiven Variablen die Gibbssche Gleichung in

$$E_f = T_f S_f + \sum_{i=1}^{I} K_{if} x_{if} + \sum_{k=1}^{K} \bar{\mu}_{kf} n_{kf} \qquad (2.67)$$

umformen (es liegt keine Integration vor!). Zur Erinnerung sei erwähnt, daß die extensiven Variablen direkt proportional den Stoffmengen sind. Physikalisch bedeutet der Übergang von (2.66) nach (2.67) eine Vergrößerung der Menge der Phase f bei konstanten intensiven Variablen T_f, K_{if} und $\bar{\mu}_{kf}$ (unveränderte Qualität der Phase f!).

Aus (2.66) läßt sich durch Vergleich (Auflösung nach dS_f) mit dem totalen Differential der Funktion $S_f = S_f(E_f, x_{if}, n_{kf})$ noch finden:

$$\left(\frac{\partial S_f}{\partial E_f}\right)_{x_{if}, n_{kf}} = \frac{1}{T_f}, \tag{2.68a}$$

$$\left(\frac{\partial S_f}{\partial x_{if}}\right)_{E_f, x_{jf}, n_{kf}} = \frac{1}{T_f} K_{if}, \tag{2.68b}$$

$$\left(\frac{\partial S_f}{\partial n_{kf}}\right)_{E_f, x_{if}, n_{lf}} = \frac{1}{T_f} \bar{\mu}_{kf}. \tag{2.68c}$$

Die jeweils konstant zu haltenden Größen in den partiellen Ableitungen sind als Index angegeben, z. B. bedeutet x_{jf}, daß alle übrigen Arbeitskoordinaten (außer x_{if}) nicht variiert werden.

Man kann natürlich umgekehrt (2.68a) bis (2.68c) vorgeben und die somit definierten partiellen Ableitungen in das totale Differential der Funktion

$$S_f = S_f(E_f, x_{if}, n_{kf}) \tag{2.69}$$

einsetzen. Es resultiert dann die GIBBSsche Gleichung (2.66).

Abschließend sei noch die verallgemeinerte GIBBS-DUHEM*sche Beziehung* angegeben (wieder für den Bereich f):

$$\sum_{k=1}^{K} n_{kf}\, d\bar{\mu}_{kf} = -S_f\, dT_f - \sum_{i=1}^{I} x_{if}\, dK_{if}. \tag{2.70}$$

Die Ableitung mag der Leser selbst versuchen, indem er das totale Differential von (2.67) bildet und mit (2.66) vergleicht (die Summe dreier Terme muß dann gemäß (2.70) verschwinden).

Entsprechend läßt sich auch die zu (2.66a) gehörige GIBBS-DUHEM-Gleichung für den einfachen Bereich angeben:

$$\sum_{k=1}^{K} n_k \, \mathrm{d}\bar{\mu}_k = -S \, \mathrm{d}T + V \, \mathrm{d}p = 0 \,. \qquad (2.70\mathrm{a})$$

Dabei wurde berücksichtigt, daß wegen des Ausschlusses von chemischen Reaktionen und Stofftransport die linke Seite verschwindet und daß im Falle reiner Volumenarbeit der Arbeitskoeffizient $K_{if} = -p$ zu setzen ist.

Im Hinblick auf 2.5. bzw. 2.6. muß noch etwas zur Gültigkeit solcher fundamentaler Beziehungen wie (2.66) (und auch (2.70)) gesagt werden. Sie gelten für makroskopische Bereiche, also für Phasen oder für Volumenelemente kontinuierlicher Systeme. Für solche Bereiche existieren thermodynamische Größen wie Druck, Temperatur, Entropie. Das heißt allgemein ausgedrückt: Es existieren die Zustandsgrößen. Damit ist aber auch Gleichung (2.66) gültig, unabhängig davon, ob reversible oder irreversible Zustandsänderungen ablaufen. Selbst wenn also undefinierte Zwischenzustände durchlaufen werden, so läßt sich (2.66) trotzdem in integrierter Form anwenden, sobald nur der Anfangs- und der Endzustand definiert sind, denn dann sind ja auch die Zustandsvariablen eindeutig und z. B. die Entropiedifferenz zwischen zwei Zuständen hängt nicht vom Weg der Zustandsänderung ab. In (2.66) treten wohlgemerkt Größen wie Arbeit und Wärme überhaupt nicht auf, sondern nur Zustandsgrößen und deren totale Differentiale.

Viel komplizierter wird es bei Turbulenzen in Strömungen oder bei chemischen Reaktionen, wie sie in Flammen und im Zusammenhang mit Explosionen ablaufen. In diesen Fällen liegen makroskopisch sehr schwer oder gar nicht erfaßbare Situationen vor: Die Existenz der

Zustandsvariablen und damit die Gültigkeit der zentralen Gleichung der Thermodynamik (2.66) werden fraglich. In 2.6. wird auf solche Situationen eingegangen.

2.3.3. Thermodynamische Potentiale, chemisches Potential

Im folgenden werden einige für praktische Rechnungen wichtige *thermodynamische Potentiale* (*charakteristische Funktionen*) definiert(!) und deren totale Differentiale (Fundamentalgleichungen) angegeben. Es liege ein System aus K Komponenten und F Phasen vor. (Das Symbol ist aus dem Zusammenhang heraus immer von der gleich einzuführenden freien Energie F leicht zu unterscheiden, das Gleiche gilt für die Arbeitskoeffizienten K bzw. für die Anzahl der Komponenten K.) Das Merkschema für die vier wichtigsten thermodynamischen Potentiale sieht wie folgt aus

$$\begin{matrix} T & G & K \\ F & & H \\ x & E & S. \end{matrix} \tag{2.71}$$

In den Eckpunkten des Quadrats stehen jeweils die von Abschnitt 2.3.2. her bekannten *unabhängigen Variablen* Temperatur T, Arbeitskoeffizient K, *Entropie* S und Arbeitskoordinate x. Von jeweils den beiden benachbarten Variablen hängt die auf der Quadratseite stehende Größe ab. Es handelt sich um die
Energie

$$E = \sum_{f=1}^{F} E_f(S_f, x_{if}, n_{kf}), \tag{2.71a}$$

Enthalpie

$$H = E - \sum_{f=1}^{F} \sum_{i=1}^{I} K_{if} x_{if}, \tag{2.71b}$$

freie Energie (HELMHOLTZ*sches Potential*)

$$F = E - \sum_{f=1}^{F} T_f S_f , \tag{2.71c}$$

freie Enthalpie (GIBBS*sches Potential*)

$$G = E - \sum_{f=1}^{F} \sum_{i=1}^{I} K_{if} x_{if} - \sum_{f=1}^{F} T_f S_f . \tag{2.71d}$$

Die Abhängigkeiten lauten gemäß dem Merkschema (2.71) für eine Phase f

$$E_f = E_f(S_f, x_{if}, n_{kf}) , \tag{2.72a}$$

$$H_f = H_f(S_f, K_{if}, n_{kf}) , \tag{2.72b}$$

$$F_f = F_f(T_f, x_{if}, n_{kf}) , \tag{2.72c}$$

$$G_f = G_f(T_f, K_{if}, n_{kf}) . \tag{2.72d}$$

Es handelt sich ausschließlich um extensive Größen, wobei der für das Gesamtsystem gültige Wert gerade die Summe der Werte über alle Phasen darstellt. Der Einfachheit halber wird jetzt eine Phase betrachtet und der Index f weggelassen. Wir bilden das totale Differential von (2.72a) bis (2.72d) bzw. tun das Gleiche mit den Ausdrücken (2.71a) bis (2.71d), wobei $f = 1$ gesetzt und als Index dann ebenfalls weggelassen wird (für dE wird jedesmal die GIBBSsche Gleichung (2.66) eingesetzt). Damit ergibt sich:

$$\mathrm{d}E = \left(\frac{\partial E}{\partial S}\right)_{x_i, n_k} \mathrm{d}S + \sum_{i=1}^{I} \left(\frac{\partial E}{\partial x_i}\right)_{S, x_j, n_k} \mathrm{d}x_i + \sum_{k=1}^{K} \left(\frac{\partial E}{\partial n_k}\right)_{S, x_i, n_l} \mathrm{d}n_k \tag{2.73a}$$

bzw.

$$\mathrm{d}E = T\,\mathrm{d}S + \sum_{i=1}^{I} K_i\,\mathrm{d}x_i + \sum_{k=1}^{K} \bar{\mu}_k\,\mathrm{d}n_k , \tag{2.73b}$$

$$\mathrm{d}H = \left(\frac{\partial H}{\partial S}\right)_{K_i,n_k} \mathrm{d}S + \sum_{i=1}^{I} \left(\frac{\partial H}{\partial K_i}\right)_{S,K_j,n_k} \mathrm{d}K_i + \sum_{k=1}^{K} \left(\frac{\partial H}{\partial n_k}\right)_{S,K_i,n_l} \mathrm{d}n_k \qquad (2.74\,\mathrm{a})$$

bzw.

$$\mathrm{d}H = T\,\mathrm{d}S - \sum_{i=1}^{I} x_i\,\mathrm{d}K_i + \sum_{k=1}^{K} \bar{\mu}_k\,\mathrm{d}n_k, \qquad (2.74\,\mathrm{b})$$

$$\mathrm{d}F = \left(\frac{\partial F}{\partial T}\right)_{x_i,n_k} \mathrm{d}T + \sum_{i=1}^{I} \left(\frac{\partial F}{\partial x_i}\right)_{T,x_j,n_k} \mathrm{d}x_i + \sum_{k=1}^{K} \left(\frac{\partial F}{\partial n_k}\right)_{T,x_i,n_l} \mathrm{d}n_k \qquad (2.75\,\mathrm{a})$$

bzw.

$$\mathrm{d}F = -S\,\mathrm{d}T + \sum_{i=1}^{I} K_i\,\mathrm{d}x_i + \sum_{k=1}^{K} \bar{\mu}_k\,\mathrm{d}n_k, \qquad (2.75\,\mathrm{b})$$

$$\mathrm{d}G = \left(\frac{\partial G}{\partial T}\right)_{K_i,n_k} \mathrm{d}T + \sum_{i=1}^{I} \left(\frac{\partial G}{\partial K_i}\right)_{T,K_j,n_k} \mathrm{d}K_i + \sum_{k=1}^{K} \left(\frac{\partial G}{\partial n_k}\right)_{T,K_i,n_l} \mathrm{d}n_k \qquad (2.76\,\mathrm{a})$$

bzw.

$$\mathrm{d}G = -S\,\mathrm{d}T - \sum_{i=1}^{I} x_i\,\mathrm{d}K_i + \sum_{k=1}^{K} \bar{\mu}_k\,\mathrm{d}n_k. \qquad (2.76\,\mathrm{b})$$

Aus dem Vergleich der entsprechenden Gleichungen ergibt sich, daß die Zustandsgrößen T, S, K_i, x_i, $\bar{\mu}_k$ jeweils als partielle Ableitungen aus den vier thermodynamischen Potentialen (!) gewonnen werden können. Im einzelnen lauten die Beziehungen wie folgt:

$$T = \left(\frac{\partial E}{\partial S}\right)_{x_i,n_k} = \left(\frac{\partial H}{\partial S}\right)_{K_i,n_k}, \qquad (2.77)$$

$$-S = \left(\frac{\partial F}{\partial T}\right)_{x_i,n_k} = \left(\frac{\partial G}{\partial T}\right)_{K_i,n_k}, \qquad (2.78)$$

$$K_i = \left(\frac{\partial E}{\partial x_i}\right)_{S,x_j,n_k} = \left(\frac{\partial F}{\partial x_i}\right)_{T,x_j,n_k}, \tag{2.79}$$

$$-x_i = \left(\frac{\partial H}{\partial K_i}\right)_{S,K_j,n_k} = \left(\frac{\partial G}{\partial K_i}\right)_{T,K_j,n_k}, \tag{2.80}$$

$$\bar{\mu}_k = \left(\frac{\partial E}{\partial n_k}\right)_{S,x_i,n_l} = \left(\frac{\partial H}{\partial n_k}\right)_{S,K_i,n_l} = \left(\frac{\partial F}{\partial n_k}\right)_{T,x_i,n_l}$$
$$= \left(\frac{\partial G}{\partial n_k}\right)_{T,K_i,n_l}. \tag{2.81}$$

Wieder bedeuten wir früher die Indizes K_j, x_j, n_l an den partiellen Ableitungen das Konstanthalten aller dieser Größen außer K_i, x_i, n_k, wonach gerade abgeleitet wird.

Anhand eines Beispiels soll gezeigt werden, daß die in (2.71) bzw. (2.72a) bis (2.72d) vorgegebene Wahl der Variablen von ausschlaggebender Bedeutung für die thermodynamischen Funktionen ist. Wir nehmen in einem einfachen Bereich nur reine Volumenarbeit an und versuchen, ob sich $E = E(T, V)$ als thermodynamisches Potential erweist. (Nach (2.73a) und (2.73b) ist $E = E(S, V)$ ein Potential!) Wir erhalten das totale Differential

$$\mathrm{d}E = \left(\frac{\partial E}{\partial V}\right)_T \mathrm{d}V + \left(\frac{\partial E}{\partial T}\right)_V \mathrm{d}T$$

und vergleichen mit (2.66a). Aus der bereitgestellten Information $E = E(T, V)$ ergibt sich zwar $p(T, V) = -\left(\frac{\partial E}{\partial V}\right)_T$, aber es bleibt eine wesentliche thermodynamische Größe, nämlich die Entropie, unbestimmt, denn ein Koeffizientenvergleich macht hier keine Aussage möglich. Das thermodynamische System bleibt also unbestimmt: $E(T, V)$ ist kein thermodynamisches Potential.

Die Funktion G ist das für die Praxis weitaus wichtigste thermodynamische Potential, denn es hängt (bei reiner

Volumenarbeit: „$K_{if} \triangleq p$“ in (2.72d)) von den sehr leicht bestimmbaren Größen Druck und Temperatur ab. Das ist nicht nur für technische und physikalische, sondern auch für chemische und biologische Systeme wichtig.

Für Zustandsgrößen gilt, daß die Reihenfolge zweier partieller Ableitungen beliebig ist (*Integrabilitätsbedingung*, die der Wegunabhängigkeit bei Bildung eines Integrals aus einem totalen Differential entspricht; Satz von SCHWARZ aus der Mathematik). Wird dies systematisch auf alle Beziehungen (2.77) bis (2.81) angewendet, so ergeben sich (reine Volumenarbeit!) nach dem Muster

$$\left(\frac{\partial}{\partial V}\left(\frac{\partial E}{\partial S}\right)_{V,n_k}\right)_{S,n_k} = \left(\frac{\partial}{\partial S}\left(\frac{\partial E}{\partial V}\right)_{S,n_k}\right)_{V,n_k}$$

und unter Berücksichtigung von (2.77) und (2.79), wobei $K_i \triangleq -p$, $x_i \triangleq V$, die folgende erste Gleichung und analog die anderen MAXWELL*schen Beziehungen.*

Energie:

$$\left(\frac{\partial T}{\partial V}\right)_{S,n_k} = -\left(\frac{\partial p}{\partial S}\right)_{V,n_k}, \tag{2.82a}$$

$$\left(\frac{\partial T}{\partial n_k}\right)_{S,V} = \left(\frac{\partial \bar{\mu}_k}{\partial S}\right)_{V,n_k}, \tag{2.82b}$$

$$-\left(\frac{\partial p}{\partial n_k}\right)_{S,V} = \left(\frac{\partial \bar{\mu}_k}{\partial V}\right)_{S,n_k}. \tag{2.82c}$$

Enthalpie:

$$\left(\frac{\partial V}{\partial S}\right)_{p,n_k} = \left(\frac{\partial T}{\partial p}\right)_{S,n_k}, \tag{2.83a}$$

$$\left(\frac{\partial V}{\partial n_k}\right)_{S,p} = \left(\frac{\partial \bar{\mu}_k}{\partial p}\right)_{S,n_k}, \tag{2.83b}$$

$$\left(\frac{\partial T}{\partial n_k}\right)_{S,p} = \left(\frac{\partial \bar{\mu}_k}{\partial S}\right)_{p,n_k}. \tag{2.83c}$$

Freie Energie:

$$\left(\frac{\partial S}{\partial V}\right)_{T,n_k} = \left(\frac{\partial n}{\partial T}\right)_{V,n_k}, \tag{2.84a}$$

$$-\left(\frac{\partial S}{\partial n_k}\right)_{T,V} = \left(\frac{\partial \bar{\mu}_k}{\partial T}\right)_{V,n_k}, \tag{2.84b}$$

$$-\left(\frac{\partial p}{\partial n_k}\right)_{T,V} = \left(\frac{\partial \bar{\mu}_k}{\partial V}\right)_{T,n_k}. \tag{2.84c}$$

Freie Enthalpie:

$$\left(\frac{\partial V}{\partial n_k}\right)_{T,p} = \left(\frac{\partial \bar{\mu}_k}{\partial p}\right)_{T,n_k}, \tag{2.85a}$$

$$-\left(\frac{\partial S}{\partial p}\right)_{T,n_k} = \left(\frac{\partial V}{\partial T}\right)_{p,n_k}, \tag{2.85b}$$

$$-\left(\frac{\partial S}{\partial n_k}\right)_{T,p} = \left(\frac{\partial \bar{\mu}_k}{\partial T}\right)_{p,n_k}. \tag{2.85c}$$

Das Konstanthalten der übrigen n_l bei Ableitungen nach n_k wurde nicht besonders gekennzeichnet. Diese Beziehungen zwischen den partiellen Ableitungen der Zustandsgrößen sind für thermodynamische Berechnungen von grundlegender Bedeutung. Sie resultieren aus einer geeigneten Wahl von Rechengrößen, den *thermodynamischen Potentialen*, und deren *unabhängigen Veränderlichen*. Es kann hier nur erwähnt werden, daß sich F bzw. E durch Integration experimentell gewinnen lassen aus der *thermischen Zustandsgleichung* $p = p(T, V) = -\left(\frac{\partial F}{\partial V}\right)_T$, vgl. (1.27) und (2.79), bzw. aus der *kalorischen Zustandsgleichung* $mc_V = \left(\frac{\partial E}{\partial T}\right)_V$, vgl. (2.27) (nicht nur für ideales Gas).

In die Reihe der Potentiale E, H, F, G gehört die manchmal als *großes Potential* bezeichnete Größe

$$\Omega = \Omega(T, V, \bar{\mu}_k) = E - TS - \sum_{k=1}^{K} \bar{\mu}_k n_k, \tag{2.86}$$

wobei der Ausdruck für reine Volumenarbeit gelten soll, so daß mit Hilfe von (2.66) bei Berücksichtigung von $K_i = -p$ und $x_i = V$ (nur eine Phase soll vorliegen: Index f ist weggelassen) gerade

$$\mathrm{d}\Omega = -S\,\mathrm{d}T - p\,\mathrm{d}V - \sum_{k=1}^{K} n_k\,\mathrm{d}\bar{\mu}_k \tag{2.87}$$

resultiert. Bildet man das totale Differential von (2.86) und vergleicht mit (2.87), so ergibt sich

$$\left(\frac{\partial\Omega}{\partial T}\right)_{V,\bar{\mu}_k} = -S,\; \left(\frac{\partial\Omega}{\partial V}\right)_{T,\bar{\mu}_k} = -p,\; \left(\frac{\partial\Omega}{\partial\bar{\mu}_k}\right)_{T,V,\bar{\mu}_l} = -n_k. \tag{2.88}$$

Für Ω selbst wird wegen

$$G = \sum_k n_k\bar{\mu}_k \tag{2.89}$$

(dies ergibt sich aus (2.67) und (2.71d) für eine Phase)

$$\Omega = -pV \tag{2.89a}$$

im Falle reiner Volumenarbeit, denn dann gilt ja auch

$$G = E + pV - TS \tag{2.89b}$$

gemäß (2.71d).

Einen ganz anders gearteten Satz charakteristischer Funktionen erhält man, wenn von der GIBBS-Gleichung (2.66) in der Entropiedarstellung (aufgeschrieben für eine Phase) ausgegangen wird:

$$\mathrm{d}S = \frac{1}{T}\,\mathrm{d}E - \frac{1}{T}\sum_{i=1}^{I} K_i\,\mathrm{d}x_i - \frac{1}{T}\sum_{k=1}^{K}\bar{\mu}_k\,\mathrm{d}n_k. \tag{2.90}$$

Es handelt sich um die MASSIEU-PLANCK*schen Funktionen*, die hier lediglich genannt seien:

$$\Phi_1 = \Phi_1(E, x_i, n_k) \equiv S, \tag{2.90a}$$

$$\Phi_2 = \Phi_2\left(\frac{1}{T}, x_i, n_k\right) \equiv S - \frac{1}{T}E, \tag{2.90b}$$

$$\Phi_3 = \Phi_3\left(E, \frac{K_i}{T}, n_k\right) \equiv S + \frac{\sum\limits_{i=1}^{I} K_i \, dx_i}{T}, \tag{2.90c}$$

$$\Phi_4 = \Phi_4\left(\frac{1}{T}, \frac{K_i}{T}, n_k\right) \equiv S - \frac{E}{T} + \frac{\sum\limits_{i=1}^{I} K_i \, dx_i}{T}. \tag{2.90d}$$

Es läßt sich leicht zeigen, daß $\Phi_2 = -\frac{F}{T}$ und $\Phi_4 = -\frac{G}{T}$ gilt. Übrigens ist die mathematische Grundlage für die Bildung der charakteristischen Funktionen eine spezielle Berührungstransformation: Die thermodynamischen Potentiale erweisen sich als LEGENDRE-Transformierte der GIBBS-Gleichung in der Energiedarstellung (2.66), während den MASSIEU-PLANCKschen Funktionen die LEGENDRE-*Transformation* der GIBBS-Gleichung in der Entropiedarstellung (2.90) zugrunde liegt. Auf nähere Einzelheiten kann hier nicht eingegangen werden. Dagegen soll eine ganz praktische Begründung dafür gegeben werden, daß unter den durch (2.66) bzw. (2.90) gegebenen Ausdrücken für E (vgl. (2.72a)) bzw. S (vgl. (2.90a)) überhaupt noch andere charakteristische Funktionen wie (2.72b–d) bzw. (2.90b–d) eingeführt werden. Dies liegt daran, daß die unabhängigen Variablen in E bzw. S nur extensive Größen sind, die sich entweder nicht direkt messen (z. B. S) oder praktisch nicht konstant halten lassen (z. B. V bei kondensierten Phasen). Man führt durch die LEGENDRE-Transformation statt der extensiven Parameter intensive Zustandsgrößen 1. Art (vgl. 1.2.2.) ein, die auf Grund eines Kontaktgleichgewichts definiert sind und demzufolge der Messung leicht zugänglich sind bzw. andererseits konstant gehalten werden können. Für die extensiven Stoffmengen n_k ist der

Übergang zu Konzentrationen (vgl. (1.9)) gleichbedeutend mit der Gewinnung intensiver Größen.

Die Nützlichkeit der thermodynamischen Potentiale H, F, G soll jetzt an Beispielen gezeigt werden.

Als erstes wird die Enthalpie H betrachtet. Ihr kommt im Zusammenhang mit technischen Prozessen in offenen Systemen (Gas- und Dampfturbinen, Kolbenverdichter und -motoren; vgl. die Bemerkungen zu den thermodynamischen Maschinen bei den Ausführungen zum CARNOT-Prozeß: Laufender Durchsatz von Massenströmen unter kontinuierlicher Bereitstellung bzw. Verbrauch von Arbeit) eine ganz besondere Bedeutung zu. (Dabei interessiert nur der Spezialfall reiner Volumenarbeit in (2.71 b) mit $K_{if} \triangleq -p$, $x_{if} \triangleq V$.) Wir betrachten deshalb den allgemeinen Fall eines instationären Prozesses in einem mit Ein- und Ausströmleitung versehenen System. In der Zeiteinheit soll dem System die Wärme $đQ$, die Gesamtarbeit $đA_g$, zugeführt werden. Außerdem erhält das System über die Zufuhr der Masse dm_1 durch die Einströmleitung die Gesamtenergie dE_{g1} (vgl. (2.12)) zugeführt und gibt über die Ausströmleitung mit der Masse dm_2 die Energie dE_{g2} ab. Wird, wie in 1.2.2. festgelegt, mit spezifischen Größen gerechnet (vgl. (1.22)), so ergibt sich

$$dE_{g1} = dm_1 \left(e_1 + \frac{1}{2} c_1^2 + g x_1\right),$$

$$dE_{g2} = dm_2 \left(e_2 + \frac{1}{2} c_2^2 + g x_2\right).$$

Es sind dabei: e_1 bzw. e_2 spezifische innere Energie des ein- bzw. ausströmenden Massenelements, c_1 bzw. c_2 deren Geschwindigkeiten, x_1 bzw. x_2 die Höhe beider Massenelemente im Erdschwerefeld, g die Erdbeschleunigung 9,81 ms^{-2}. Die Gesamtarbeit setzt sich nach

$$đA_g = đA_t + p_1 v_1 \, dm_1 - p_2 v_2 \, dm_2$$

zusammen, wobei $đA_t$ die technische Arbeit oder Wellenarbeit (z. B. Kurbelwelle), $p_1 v_1 \, dm_1$ die Volumeneinschubarbeit bzw. $-p_2 v_2 \, dm_2$ die Volumenausschubarbeit der Massenelemente dm_1 bzw. dm_2 darstellt. Für die Energiebilanz ergibt sich (dabei ist dE_s die Zunahme der Energie des Systems)

$$đE_s = đA_g + đQ + dE_{g1} - dE_{g2}.$$

Werden die Ausdrücke für $đA_g$, dE_{g1} und dE_{g2} eingesetzt, so folgt daraus

$$dE_s = đA_t + đQ + \left(h_1 + \frac{1}{2} c_1^2 + gx_1\right) dm_1 - \left(h_2 + \frac{1}{2} c_2^2 + gx_2\right) dm_2 .$$

Nun kann für die Summen $e_1 + p_1 v_1 = h_1$ bzw. $e_2 + p_2 v_2 = h_2$ die spezifische Enthalpie gesetzt werden, so daß für die fraglichen technischen Prozesse die Energiebilanz als wesentliche Größe die Enthalpie $H = E + pV$ enthält:

$$dE_s = đA_t + đQ + \left(h_1 + \frac{1}{2} c_1^2 + gx_1\right) dm_1 - \left(h_2 + \frac{1}{2} c_2^2 + gx_2\right) dm_2 .$$

Für den stationären Fall (mit Einschluß periodischer Vorgänge) wird die Energiebilanz des offenen technischen Systems

$$đA_t + đQ = \left[\left(h_2 + \frac{c_2^2}{2} + gx_2\right) - \left(h_1 + \frac{c_1^2}{2} + gx_1\right)\right] dm ,$$

denn es gilt dann $dE_s = 0$ und $dm_1 = dm_2 = dm$.

Die letzte Gleichung wird jetzt auf die adiabatische Drosselung, d. h. auf den irreversiblen Übergang eines strömenden Stoffes von einem Druck p_1 vor der Drosselstelle (z. B. Wattepfropfen in Abb. 9) auf einen Druck $p_2 < p_1$ nach der Drosselstelle angewendet. Für diese Entspannung, die auf gleicher Höhe stattfinden soll (also $x_1 = x_2$), gilt $đQ = 0$ (adiabatischer Vorgang). Außerdem

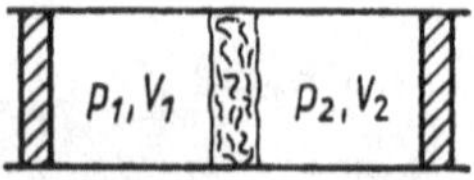

Abb. 9. Schematische Darstellung des THOMSON-JOULE-Versuchs

wird keine technische Arbeit abgegeben ($đA_t = 0$). Es folgt die einfache Energiebilanz

$$h_2 + \frac{c_2^2}{2} = h_1 + \frac{c_1^2}{2}.$$

Bei kleinen Strömungsgeschwindigkeiten ist die kinetische Energie gegenüber der Enthalpie vernachlässigbar, so daß

$$h_1 = h_2$$

wird. Bei der gedrosselten Entspannung bleibt die Enthalpie konstant, d. h., es gilt

$$\Delta h = h_2 - h_1 = 0.$$

Andererseits gilt nach (2.74b)

$$\Delta h = T\Delta s + v\,\Delta p$$

(dabei Übergang zu spezifischen Größen, kein Auftreten chemischer Effekte, reine Volumenarbeit: $K_{if} \triangleq -p$, $x_{if} \triangleq V$). Wird s als Funktion von T und p geschrieben, so gilt

$$\Delta s = \left(\frac{\partial s}{\partial T}\right)_p \Delta T + \left(\frac{\partial s}{\partial p}\right)_T \Delta p.$$

Wegen $\left(\frac{\partial s}{\partial T}\right)_p = \frac{1}{T} \frac{\mathrm{d}q}{\mathrm{d}T}\Big|_p = \frac{c_p}{T}$ (q = auf die Masse bezogene Wärmemenge Q, c_p = spezifische Wärmekapazität bei konstantem Druck) und (2.85b) wird daraus

$$\Delta s = Tc_p \Delta T - \left(\frac{\partial v}{\partial T}\right)_p .$$

Für Δh ergibt sich schließlich

$$\Delta h = c_p \Delta T + \left[v - T\left(\frac{\partial v}{\partial T}\right)_p\right] \Delta p = 0,$$

also

$$\frac{\Delta T}{\partial p} = \frac{1}{c_p}\left[T\left(\frac{\partial v}{\partial T}\right)_p - v\right] = \frac{vT}{c_p}\left(\alpha - \frac{1}{T}\right)$$

mit α aus (1.35a). Die mit einer (isenthalpischen) Entspannung $\Delta p < 0$ verbundene Temperaturänderung ΔT wird als THOMSON-JOULE-Effekt bezeichnet. Für ideale Gase gilt nach (1.42b) $\alpha = \frac{1}{T}$, so daß $\Delta T = 0$ für die gedrosselte Entspannung des idealen Gases ist. Anders liegen die Dinge bei realen Gasen, wobei häufig $\Delta T < 0$ gilt (z. B. gilt für Luft: Druckminderung um 10^5 Pa ergibt ca. 0,25 K Temperaturerniedrigung; für Wasserstoff: die gleiche Entspannung liefert ca. 0,025 K Erwärmung).

Zur Erläuterung der Größe F betrachten wir ganz allgemein einen reversiblen isothermen Vorgang. Es gilt dann nach (2.9), (2.71c) und (2.41)

$$đA = \mathrm{d}F, \tag{2.93}$$

d. h., die bei einem solchen Prozeß gewinnbare Arbeit ist gleich der Änderung der freien Energie. In $đA$ ist natürlich der Anteil der Volumenarbeit nach (1.58) enthalten. Ist die Volumenänderung bei den betrachteten isothermen Vorgängen Null ($\mathrm{d}V = 0$), so stellt $đA$ gerade die insgesamt gewinnbare maximale Arbeit (maximal deshalb, weil dies nur für reversible Prozeßführung gilt, für irreversible Prozeßführung ist die Arbeit kleiner als dF) ohne Anteile der Verdrängungsarbeit nach (1.58) dar. Demzufolge spielt die freie Energie bei allen isothermen Zustandsänderungen, die unter Aufnahme bzw. Abgabe von Wärme ablaufen, eine wichtige Rolle, z. B. bei Schmelz- und Erstarrungsvorgängen, bei Verdampfungs- und Kondensationsprozessen, bei Dichteänderungen von Gasen, bei chemischen Umsätzen, bei elastischer Beanspruchung von Substanzen aus Makromolekülen (Plaste, Muskelfaser), bei Elektro- und Magnetostriktion. Allerdings wird praktischerweise heutzutage, sofern dies möglich ist, noch viel lieber die freie Enthalpie G bei der Betrachtung solcher Prozesse benutzt (s. u.).

Im Gegensatz zur freien Energie dF bezeichnet man den Anteil

$$(\mathrm{d}E - \mathrm{d}F)$$

als *„gebundene" Energie,* die in Wärme umgewandelt wird (vgl. (2.71c) und (2.41)), also nicht als nutzbare Arbeit zur Verfügung steht.

Nun noch ein Wort zur *freien Enthalpie G.* Es handelt sich hierbei um die praktischste Funktion der gesamten Thermodynamik, denn in (2.76b) verschwindet für „$K_i \triangleq p$" der erste und zweite Term der rechten Seite, wenn Druck und Temperatur konstant gehalten werden. Dieser Fall tritt bei Experimenten in der Praxis (Physik, Chemie, Biologie) sehr häufig auf.

Wegen (2.89b) folgt für ein einfaches System

$$\mathrm{d}G = \mathrm{d}E + V\,\mathrm{d}p + p\,\mathrm{d}V - S\,\mathrm{d}T - T\,\mathrm{d}S. \tag{2.94a}$$

Mit dem 1.HS (2.9) wird für einen isotherm-isobaren Prozeß (d$T = 0$, d$p = 0$)

$$\mathrm{d}G = đA + đQ + p\mathrm{d}V - T\mathrm{d}S. \tag{2.94b}$$

Bei Berücksichtigung von (2.58) ergibt sich daraus

$$\mathrm{d}G \leqq đA + p\,\mathrm{d}V. \tag{2.94c}$$

Wenn in $đA$ außer der äußeren Arbeit nach (1.58) noch Anteile wie elektrische oder Reibungsarbeit (zusammengefaßt als zusätzliche Arbeit in $đA'$) enthalten sind, also

$$đA = đA' - p\,dV \tag{2.94d}$$

gilt, so wird

$$dG \leq đA', \tag{2.95}$$

d. h., bei einem isotherm-isobaren Prozeß im geschlossenen einfachen System ist die zusätzliche Arbeit (entspricht bei galvanischen Ketten oder biochemischen Reaktionen einer „*Nutzarbeit*") im reversiblen Grenzfall stets größer als bei natürlichem (irreversiblen) Ablauf des Vorgangs. (Dies wird klar, wenn (2.95) mit (−1) multipliziert wird und die nach außen abgegebene zusätzliche Arbeit $-đA'$ mit der Abnahme der freien Enthalpie verglichen wird.) Deshalb wird

$$dG = đA'_{rev} \tag{2.96}$$

auch manchmal als *maximale Nutzarbeit* bezeichnet. Bei Prozessen mit $đA' = 0$ (also keine Nutzarbeit z. B. bei chemischen Reaktionen, Mischungsvorgängen oder Phasenumwandlungen und auch keine dissipierte Arbeit bei Reibungsvorgängen) gilt

$$dG \leqq 0. \tag{2.97}$$

Zum Abschluß der Betrachtungen über die thermodynamischen Potentiale mag noch ein Zahlenbeispiel stehen. Eine Druckflasche vom Volumen 42 l enthalte Luft (mittlere molare Masse: 29 kg kmol^{-1}) bei 190 bar und 290 K (etwa Zimmertemperatur). Die Masse der Luft beträgt dann etwa 10 kg. Läßt man eine isotherme Entspannung der Luft auf Atmosphärendruck zu, so hat diese die Fähigkeit, Arbeit zu verrichten. Die innere Energie hat sich gemäß (2.26) nicht geändert. (Die Druckluft kann also keineswegs mit einer gespannten Schraubenfeder verglichen werden!) Woher kommt die Arbeitsleistung? Setzen wir (1.40d) in (2.60) ein, so erhalten wir

$$\Delta S \equiv S_2 - S_1 = mr \ln \frac{p_1}{p_2}, \tag{2.98}$$

woraus mit den obigen Werten gerade

$$\Delta S \approx 15000 \text{ JK}^{-1}$$

folgt. Für die Änderung der freien Energie ergibt sich nach (2.71c) bei vorausgesetzter Isothermie

$$\Delta F = \Delta E - T\,\Delta S \approx 0 + 15000 \text{ JK}^{-1} \cdot 290 \text{ K}, \tag{2.98a}$$
$$\Delta F \approx 4{,}5 \cdot 10^6 \text{ J}.$$

Die von der Druckluft verrichtete Arbeit entstammt keiner Änderung der inneren Energie, sondern einer solchen der freien Energie, also einer Änderung der Entropie!

Zum Abschluß dieses Abschnitts sollen noch einige Bemerkungen zum *chemischen Potential* (2.81) stehen. Zur Veranschaulichung dieser doch recht abstrakten Größe, die wir entsprechend der Feststellung, daß G das für die Praxis ,wichtigste thermodynamische Potential ist, hauptsächlich als *partielle molare freie Enthalpie* auffassen wollen, stellen wir uns jetzt ein heterogenes offenes System aus F Phasen und K Komponenten vor. Es kann Materie mit der Umgebung und zwischen den Phasen austauschen; außerdem können chemische Reaktionen auftreten. Man bezeichnet dann $\bar{\mu}_{kf}$ auch als chemische Teilarbeit der Komponente k in der Phase f, weil durch

$$\mathrm{d}G \equiv \bar{\mu}_{kf}\, \mathrm{d}n_{kf} \tag{2.99}$$

infolge einer Änderung der Menge n_{kf} die Erhöhung bzw. Erniedrigung der freien Enthalpie definiert ist, indem „*chemische Arbeit*" bei *Stofftransport* bzw. *-umsetzung* verrichtet wird.

Die Einheit von $\bar{\mu}_{kf}$ ist J mol^{-1} und $\bar{\mu}_{kf}$ bedeutet nach

(2.81) und (2.99) die auf die entsprechende Stoffänderung bezogene Änderung der freien Enthalpie des betrachteten Systems, wenn außer n_{kf} alle anderen Parameter (n_{lf}, K_{if} und T) konstant gehalten werden. Das chemische Potential ist eine intensive Größe (1. Art).

Für ein reines ideales einphasiges Einkomponentensystem gilt (Index 1)

$$\bar{\mu}_1 = \frac{G}{n_1}, \tag{2.100}$$

so daß

$$G = n_1 \bar{\mu}_1 \tag{2.101}$$

folgt. Allgemein gilt für K Komponenten und F Phasen (vgl. (2.89))

$$G = \sum_{k=1}^{K} \sum_{f=1}^{F} n_{kf} \bar{\mu}_{kf}, \tag{2.102}$$

womit die gesamte *freie Enthalpie* des Systems auf die chemischen Potentiale zurückgeführt ist.

Als Beispiel wird jetzt ohne Beweis (der interessierte Leser kann ihn für (2.103) über (2.83b) und (1.40c) versuchen; die Ersetzung von p durch die Konzentration in (2.104) hängt mit dem osmotischen Druck zusammen) das *chemische Potential* für ein *ideales Gas* $\bar{\mu}_G$ bzw. für eine *Lösungskomponente* $\bar{\mu}_k$ in idealer Lösung angegeben:

$$\mu_G = \mu_G{}^0 + \bar{r}T \ln \frac{p}{p_0}. \tag{2.103}$$

Dabei ist $\mu_G{}^0$ ein *Standardwert*, der gern bei $p_0 = 1$ bar und $T = 298$ K zu Null gewählt wird. Die universelle Gaskonstante $\bar{r}$ sorgt für die richtige Dimension.

$$\bar{\mu}_k = \bar{\mu}_k{}^0 + \bar{r}T \ln \frac{c_k}{c_k{}^0}. \tag{2.104}$$

Es ist $\bar{\mu}_k{}^0$ ein für $c_k{}^0 = 1\,\frac{\text{mol}}{\text{l}}$ festgelegter Standardwert.

Als Konzentrationsmaß ist die in (1.8) definierte Molarität zu verwenden.

Handelt es sich um *reale Gase* bzw. *reale Lösungen*, so stehen in (2.103) statt der Drucke die *Fugazitäten* bzw. in (2.104) statt der Konzentrationen die *Aktivitäten*. Der Zusammenhang mit dem Druck bzw. mit der Konzentration wird über den sogenannten *Fugazitäts-* bzw. *Aktivitätskoeffizienten* hergestellt. Beide Koeffizienten berücksichtigen die Abweichung vom idealen Verhalten auf Grund der Teilchenwechselwirkung.

2.3.4. Gleichgewichts- und Stabilitätsbedingung

Obwohl wir durch Gleichungen wie (2.39) prinzipiell den Ablauf von Prozessen mit in die Thermodynamik eingeschlossen haben, so erfolgt doch die explizite Behandlung von Vorgängen erst in 2.5. und 2.6. So soll auch in diesem Abschnitt nicht interessieren, wie die Prozesse genau ablaufen, sondern vielmehr nur, daß die Prozesse stattfinden, zu welchen Zuständen sie führen und wie diese Zustände gegenüber dem möglichen Ablauf von Prozessen beschaffen sind.

Für geschlossene Systeme ($đQ = 0$) gilt nach (2.58)

$$\mathrm{d}S \geqq 0 . \tag{2.105}$$

Aus jedem *System* läßt sich ein *abgeschlossenes* (isoliertes) machen (ein vollständig isoliertes System ist natürlich ein Idealfall, vgl. ideales Gas), indem entsprechende Teile der Umgebung zum System hinzugerechnet werden. Nach (2.105) kann also bei reversiblen Prozessen die Entropie nur konstant bleiben und bei irreversiblen Prozessen nur wachsen. Zustandsänderungen mit

$$\mathrm{d}S < 0 \tag{2.106}$$

sind also im abgeschlossenen System prinzipiell unmöglich. Wenn alle Hemmungen im abgeschlossenen System aufgehoben sind, so wird sich ein Zustand einstellen, für den $dS = 0$ gilt. Wir nennen ihn den Zustand des *thermodynamischen Gleichgewichts* (kurz: Gleichgewicht). Dieser Begriff hat natürlich nur Sinn im Hinblick auf bestimmte Prozesse. Betrachtet man z. B. Atomkerne, so wird man sagen, sie sind im thermodynamischen Gleichgewicht, jedoch sind sie es im Hinblick auf Kernspaltungsprozesse bei weitem nicht.

Wenn wir im folgenden *reversible Prozesse* erwähnen, so sind diese wie immer ein Durchlaufen von Gleichgewichtszuständen, solange bis der Zustand des ungehemmten Gleichgewichts erreicht ist, von dem aus keine Prozesse von sich aus, d. h. irreversibel, ablaufen können.

Es wird jetzt eine virtuelle Verrückung aus dem Gleichgewichtszustand angenommen. Für diese verwendet man das Zeichen δ, und es muß nach den obigen Ausführungen

$$\delta S < 0 \tag{2.107}$$

gelten. Die in diesem Zusammenhang noch geltenden Nebenbedingungen sind für jeden Spezialfall noch gesondert zu formulieren. Es gilt jedoch für ein abgeschlossenes System nach Formulierung C) des 1.HS aus 2.2. immer

$$\delta E = 0, \tag{2.107a}$$

weil $dE = 0$.

Zur Veranschaulichung der als *Extremalprinzip* („Variationsproblem") formulierten *Gleichgewichtsbedingung* (2.107) wollen wir jetzt annehmen, daß S von irgendeinem inneren Parameter x (z. B. Verhältnis der Molzahlen einer Komponente in zwei Phasen) des Systems abhängt. Es sind dann die beiden in Abb. 10 gezeichneten Fälle zu unterscheiden. Für Teilbild a gilt

$$\delta S = \left(\frac{\partial S}{\partial x}\right)_{x=x_0} \delta x = 0. \tag{2.108}$$

Dabei sind x_0 bzw. S_0 die Gleichgewichtswerte für den

Parameter bzw. für die Entropie. Es liegt ein Extremwert im Sinne der Mathematik vor, für den

$$\left(\frac{\partial S}{\partial x}\right)_{x=x_0} = 0 \tag{2.109}$$

gilt. Virtuelle Verrückungen δx (positiv oder negativ) sind nach beiden Seiten möglich. Die Bedingung (2.108) wird durch (2.109) erfüllt.

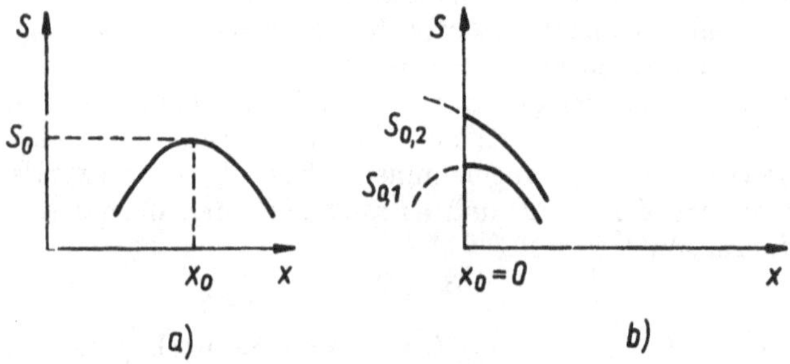

Abb. 10. Verschiedene Extremwerte der Entropie bzgl. der Gleichgewichtsbedingung $\delta S \leqq 0$

Anders liegt der Fall in Teilbild b. Man hat sich vorzustellen, daß x nur positive Werte annehmen kann und daß $x = x_0 = 0$ der Gleichgewichtswert ist. Hier gilt

$$\delta S = \left(\frac{\partial S}{\partial x}\right)_{x=x_0} dx \leqq 0. \tag{2.110}$$

Wenn $\delta S = 0$, so liegt ein Extremwert wie oben vor, allerdings haben Zustände mit $x < 0$ keinen Sinn, d. h. $\delta x > 0$ ist zu fordern (einseitige virtuelle Verrückungen!). Der zugehörige Extremwert ist $S_{0,1}$. Wenn $\delta S < 0$ gilt, so gehört dazu ein maximaler Wert $S_{0,2}$, der jedoch im Sinne der Mathematik kein Extremwert ist, denn es gilt bei $\delta x > 0$ (auch hier sind nur einseitige Verrückungen möglich) gerade

$$\left(\frac{\partial S}{\partial x}\right)_{x=x_0} < 0. \tag{2.111}$$

In Abb. 10 haben wir zwar für jeden Fall im Gleichgewicht Maxima (!) für die Entropie angenommen, was ja gemäß (2.105) im abgeschlossenen System auch sein muß. Der δ-Formalismus nach (2.107) jedoch liefert im Falle des Gleichheitszeichens kein Maximum, sondern zunächst nur einen höchsten oder niedrigsten Wert (für ein Maximum sind die Betrachtungen analog) für S. Erst beim δ^2-Formalismus im Rahmen der Stabilitätsbedingung wird eine eindeutige Entscheidung möglich sein.

Die für die Entropie augeschriebene Gleichgewichtsbedingung läßt sich in eine solche für die thermodynamischen Potentiale transformieren. Aus den Gleichungen (2.73b) bis (2.76b) wird mit Berücksichtigung von (2.58) gerade (vgl. hierzu.(2.94c):

$$\mathrm{d}E \leqq T\,\mathrm{d}S + \sum_{i=1}^{I} K_i\,\mathrm{d}x_i + \sum_{k=1}^{K} \bar{\mu}_k\,\mathrm{d}n_k, \tag{2.112a}$$

$$\mathrm{d}H \leqq T\,\mathrm{d}S - \sum_{i=1}^{I} x_i\,\mathrm{d}K_i + \sum_{k=1}^{K} \bar{\mu}_k\,\mathrm{d}n_k, \tag{2.112b}$$

$$\mathrm{d}F \leqq S\,\mathrm{d}T + \sum_{i=1}^{I} K_i\,\mathrm{d}x_i + \sum_{k=1}^{K} \bar{\mu}_k\,\mathrm{d}n_k, \tag{2.112c}$$

$$\mathrm{d}G \leqq S\,\mathrm{d}T - \sum_{i=1}^{I} x_i\,\mathrm{d}K_i + \sum_{k=1}^{K} \bar{\mu}_k\,\mathrm{d}n_k. \tag{2.112d}$$

Die Gleichungen sind für eine Phase aufgeschrieben. Wenn für die jeweiligen in den Differentialen stehenden Zustandsvariablen Konstanz gefordert wird, so gelangt man zu:

$$\mathrm{d}E \leqq 0, \tag{2.113a}$$

$$\mathrm{d}H \leqq 0, \tag{2.113b}$$

$$\mathrm{d}F \leqq 0, \tag{2.113c}$$

$$\mathrm{d}G \leqq 0. \tag{2.113d}$$

Zustandsänderungen mit $\mathrm{d}E > 0$, $\mathrm{d}H > 0$, $\mathrm{d}F > 0$, $\mathrm{d}G > 0$ im Hinblick auf die genannten Variablen sind also nach dem 2.HS verboten. Es sei betont, daß das Ungleichheitszeichen für irreversible Prozesse gilt und daß die Ungleichungen nur für geschlossene Systeme Sinn haben, denn in abgeschlossenen Systemen sind keine Energieänderungen möglich. Die Ungleichungen (2.113a) bis (2.113d) sagen aus, daß die Potentiale E, H, F, G nur abnehmen (irreversible Prozesse) oder konstant bleiben (reversible Prozesse) können.

Der Gleichgewichtszustand ist erreicht, wenn $\mathrm{d}E = 0$ bzw. $\mathrm{d}H = 0$ bzw. $\mathrm{d}F = 0$ bzw. $\mathrm{d}G = 0$ gilt.

Die zu (2.107) analogen Gleichungen im δ-Formalismus lauten für E, H, F, G:

$$\delta E \geqq 0 \quad \text{mit } \delta S = 0, \quad \delta x_i = 0, \quad \delta n_k = 0 \tag{2.114a}$$

$$\delta H \geqq 0 \quad \text{mit } \delta S = 0, \quad \delta K_i = 0, \quad \delta n_k = 0 \tag{2.114b}$$

$$\delta F \geqq 0 \quad \text{mit } \delta T = 0, \quad \delta x_i = 0, \quad \delta n_k = 0 \tag{2.114c}$$

$$\delta G \geqq 0 \quad \text{mit } \delta T = 0, \quad \delta K_i = 0, \quad \delta n_k = 0 \tag{2.114d}$$

als Nebenbedingungen. Obwohl bei einer graphischen Diskussion in Analogie zu Abb. 10 wegen (2.113a) bis (2.113d) nur Minima zu zeichnen wären, liefert jedoch der δ-Formalismus im Falle des Gleichheitszeichens nur die Angabe, daß ein Maximum oder Minimum für die Größen E, H, F und G vorliegt. Erst der δ^2-Formalismus ergibt im Rahmen der Stabilitätsbetrachtungen tatsächlich das Minimum.

Es soll nun für den speziellen Fall reiner Volumenarbeit die Gleichgewichtssituation explizit berechnet werden. Ein System aus F Phasen und K Komponenten wird betrachtet. Das Gleichgewicht wird gemäß (2.107) nach

$$\delta S = 0 \tag{2.115a}$$

mit den Nebenbedingungen

$$\delta E = 0, \delta V = 0, \delta n_k = 0 \tag{2.115b}$$

berechnet, d. h., es wird angenommen, daß ein Extremwert im mathematischen Sinne vorliegt. Für die auftretenden extensiven Größen gilt

$$S = \sum_{f=1}^{F} S_f;\ E = \sum_{f=1}^{F} E_f,\ V = \sum_{f=1}^{F} V_f,\ n_k = \sum_{f=1}^{F} n_{kf}. \quad (2.115\,\mathrm{c})$$

Mit der Methode der LAGRANGE*schen Multiplikatoren* (die Vorzeichen und Produkte sind geeignet gewählt) ergibt sich

$$\delta \left(S - \lambda_1 \left(E + \lambda_2 V - \sum_{k=1}^{K} \lambda_{3k} n_k \right) \right) = 0. \quad (2.116)$$

Daraus wird

$$\sum_{f=1}^{F} \left(\delta S_f - \lambda_1\, \delta E_f - \lambda_1 \lambda_2\, \delta V_f + \lambda_1 \sum_{k=1}^{K} \lambda_{3k}\, \delta n_{kf} \right) = 0. \quad (2.117)$$

Setzen wir für δS_f den für die Phase f aufgeschriebenen Ausdruck (2.90) ein, so erhalten wir:

$$\sum_{f=1}^{F} \left[\left(\frac{1}{T_f} - \lambda_1 \right) \delta E_f + \left(\frac{p_f}{T_f} - \lambda_1 \lambda_2 \right) \delta V_f + \sum_{k=1}^{K} \left(- \frac{\bar{\mu}_{kf}}{T_f} + \lambda_1 \lambda_{3k} \right) \delta n_{kf} \right] = 0. \quad (2.118)$$

Da die Variationen beliebig sind, setzen wir

$$\delta E_f \neq 0,\ \delta V_f = 0,\ \delta n_{kf} = 0. \quad (2.119)$$

Es folgt

$$\left(\frac{1}{T_f} - \lambda_1 \right) = 0,$$

d. h., im Gleichgewicht herrscht in allen Phasen dieselbe Temperatur

$$T_f = \frac{1}{\lambda_1} \equiv T. \quad (2.120)$$

Mit diesem Ergebnis kann nunmehr

$$\delta V_f \neq 0, \delta n_{kf} = 0 \tag{2.121}$$

gefordert werden. Damit wird

$$\left(\frac{p_f}{T} - \lambda_1 \lambda_2\right) = 0$$

oder wegen (2.120)

$$p_f = \lambda_2 \equiv p, \tag{2.122}$$

d. h., in allen Phasen herrscht im Gleichgewicht der gleiche Druck. Wird als letztes

$$\delta n_{kf} \neq 0$$

gesetzt, so ergibt sich

$$\left(\frac{\bar{\mu}_{kf}}{T} + \lambda_1 \lambda_{3k}\right) = 0, \tag{2.123}$$

also

$$\bar{\mu}_{kf} = \lambda_{3k} \equiv \bar{\mu}_k \quad (k = 1, 2, \ldots, K), \tag{2.124}$$

d. h., für jede Komponente k gilt, daß die chemischen Potentiale in allen Phasen gleich sind.

Zusammenfassend können wir feststellen, daß ein im *Gleichgewicht* befindliches thermodynamisches System bzgl. irgendwelcher *thermischer*, *mechanischer* (nur Volumenarbeit) oder *stofflicher Änderungen* gemäß dem 2.HS *isotherm*, *isobar* und *isomat* (Gleichheit der chemischen Potentiale!) ist. Voraussetzung für die Erzielung von (2.120), (2.122) bzw. (2.124) sind natürlich *wärmedurchlässige*, *elastische* bzw. *stoffdurchlässige Wände* zwischen den Phasen.

Nach diesen Ausführungen über das Gleichgewicht wollen wir uns den *Stabilitäts*betrachtungen zuwenden. Für die Gesamtvariation $\delta^g S$ der Entropie gilt

$$\delta^g S = \delta S + \frac{1}{2}\,\delta^2 S + \frac{1}{3!}\,\delta^3 S + \cdots. \tag{2.125}$$

Wir brechen diese Entwicklung nach dem Glied 2. Ordnung ab und können im Falle $\delta S = 0$ für das Gleichgewicht schreiben:

$$\delta^g S = \frac{1}{2}\,\delta^2 S\,. \tag{2.126}$$

Demnach unterscheiden wir folgende Arten von Gleichgewicht bzgl. seiner *Stabilität*:

a) *Stabiles Gleichgewicht*

$$\delta^2 S < 0\,. \tag{2.127a}$$

Hier hat die Entropie im Gleichgewicht ein Maximum bzw. den größtmöglichen Wert.

b) *Instabiles Gleichgewicht*

$$\delta^2 S > 0\,. \tag{2.127b}$$

Die Entropie hätte im Gleichgewicht ein Minimum. Solche Zustände sind physikalisch nicht realisierbar, sie widersprechen dem 2.HS.

c) *Neutrales Gleichgewicht*

$$\delta^2 S = 0\,. \tag{2.127c}$$

Dieser Fall ist möglich und liegt z. B. vor, wenn eine Phase in zwei andere zerfällt, so daß das System vorher und nachher dieselbe Entropie besitzt.

Der häufig zitierte Zustand des *metastabilen Gleichgewichts* paßt schlecht in den Rahmen dieser Systematik. Er ist stabil in bezug auf infinitesimal benachbarte, aber instabil in bezug auf endlich entfernte Zustände. Die unterkühlte oder überhitzte Flüssigkeit ist wohl das bekannteste Beispiel. Hieran sieht man auch deutlich, daß die zugrunde liegenden Sachverhalte besser mit dem Begriff der Hemmung als mit dem der Stabilität erfaßt werden.

Wir wollen jetzt das stabile Gleichgewicht eines homogenen thermodynamischen Systems untersuchen, indem wir die Gibbs-*Gleichung* in der *Entropiedarstellung* (2.90) benutzen und nur Volumenarbeit berücksichtigen. Im δ-Formalismus steht:

$$\delta S = \frac{1}{T}\,\delta E + \frac{p}{T}\,\delta V - \sum_{k=1}^{K} \frac{\mu_k}{T}\,\delta n_k = \left(\frac{\partial S}{\partial E}\right)_{V,n_k} \delta E + \left(\frac{\partial S}{\partial V}\right)_{E,n_k} \delta V + \sum_{k=1}^{K} \left(\frac{\partial S}{\partial n_k}\right)_{E,V,n_j} \delta n_k. \qquad (2.128)$$

Nach dem zweiten Gleichheitszeichen steht die aus dem totalen Differential von $S(E, V, n_k)$ gebildete Variation, die wir wegen des Koeffizientenvergleichs noch brauchen werden. Die Variation 2. Ordnung erhalten wir aus (2.128), wenn wir berücksichtigen, daß die höheren Variationen der unabhängigen Variablen verschwinden, also $\delta^2 E = \delta^2 V = \delta^2 n_k = 0$.

$$\delta^2 S = \delta(\delta S) = \delta\left(\frac{1}{T}\right)\delta E + \delta\left(\frac{p}{T}\right)\delta V - \sum_{k=1}^{K} \delta\left(\frac{\bar{\mu}_k}{T}\right)\delta n_k. \qquad (2.129)$$

Der Einfachheit halber betrachten wir zunächst nur virtuelle Verrückungen mit $\delta n_k = 0$. Dann wird bei $p = p(V, T)$ und $E = E(V, T)$:

$$\delta^2 S = -\frac{1}{T^2}\,\delta \mathrm{T}\left(\left(\frac{\partial E}{\partial V}\right)_T \delta V + \left(\frac{\partial E}{\partial T}\right)_V \delta T\right) - \frac{1}{T^2}\,\mathrm{p}\,\delta T\,\delta V + \frac{1}{T}\,\delta V\left(\left(\frac{\partial p}{\partial T}\right)_V \delta T + \left(\frac{\delta p}{\delta V}\right)_V \delta V\right),$$

$$\delta^2 S = -\frac{1}{T^2}\left(\frac{\partial E}{\partial T}\right)_V (\delta T)^2 + \frac{1}{T^2}\left[-\left(\frac{\partial E}{\partial V}\right)_T - p + T\left(\frac{\partial p}{\partial T}\right)_V\right]\delta V\,\delta T + \frac{1}{T}\left(\frac{\partial p}{\partial V}\right)_T (\delta V)^2. \qquad (2.130)$$

Der Ausdruck in der eckigen Klammer verschwindet, wie in Kapitel 4.1. (vgl. (4.10)) gezeigt wird. Stabiles Gleichgewicht gemäß (2.127a) herrscht also, wenn gilt ($\delta^2 S < 0$!)

$$\left(\frac{\partial E}{\partial T}\right)_V > 0, \tag{2.131}$$

$$\left(\frac{\partial p}{\partial V}\right)_T < 0. \tag{2.132}$$

Die erste Bedingung (2.131) kennzeichnet *thermische Stabilität.* Die Energie wächst mit steigender Temperatur. Je höher ein Körper erhitzt wird, um so größer ist seine innere Energie. Nach dem nicht nur für ideale Gase gültigen Ausdruck (2.27) bedeutet thermische Stabilität

$$c_V > 0, \tag{2.133}$$

d. h., die spezifische Wärme bei konstantem Volumen ist immer positiv.

Die zweite Bedingung (2.132) bedeutet *mechanische Stabilität.* Mit wachsendem Druck muß das Volumen eines Systems abnehmen, weil es andererseits z. B. gegen den Atmosphärendruck immer weiter expandieren würde. Dem entspricht nach (1.35c), daß die Kompressibilität

$$\varkappa = -\frac{1}{V}\left(\frac{\partial V}{\partial p}\right)_T > 0, \tag{2.134}$$

d. h. immer positiv sein muß.

Als letztes soll noch die *stoffliche Stabilität* behandelt werden. Dazu wird $\delta T = \delta p = 0$ angenommen, so daß aus (2.129)

$$T\delta^2 S = \sum_{k=1}^{K} \delta\bar{\mu}_k\, \delta n_k = -\sum_{k=1}^{K} \sum_{k'=1}^{K} \left(\frac{\partial \bar{\mu}_k}{\partial n_{k'}}\right)_{p,V,n_j} \delta n_{k'}\, \delta n_k < 0 \tag{2.135}$$

folgt (Berücksichtigung von (2.127a)). Ein thermodynamisches System kann sich nicht entmischen (*Stabilität gegen Ausscheidung*), wenn (2.135) erfüllt ist.

2.4. NERNST*sches Theorem*

Wir formulieren auch dieses Theorem als „Existenzsatz“:

$$\nexists\, T = 0\,\mathrm{K}, \tag{2.136}$$

d. h., es existieren keine Zustände mit der absoluten bzw. thermodynamischen Temperatur 0 K. Durch das NERNST*sche Theorem* wird keine neue Zustandsgröße definiert.

Auch dieses Theorem kann man sich durch evidente experimentelle Erfahrungen plausibel machen – analog dem 0.HS (es gibt keine thermodynamischen Systeme, die nach hinreichend langem Kontakt nicht dieselbe Temperatur, gemessen mit einem beliebigen Thermometer, anzeigen), dem 1.HS (es gibt kein System, das aus dem Nichts Energie erzeugt) und dem 2.HS (es gibt kein System, das weiter nichts (!) bewirkt als Wärme vollständig in Arbeit umzuwandeln).

Für das NERNSTsche Theorem sieht die analoge anschauliche Betrachtung etwas komplizierter und spezieller aus. Dazu müssen wir dieses Theorem in der PLANCKschen Fassung (die folgende Aussage läßt sich aus dem DEBYEschen T^3-Gesetz über die Abnahme der spezifischen Wärmen mit sinkender Temperatur schlußfolgern: vgl. hierzu (2.60a) für $T' = 0\,\mathrm{K}$ und $T \to 0\,\mathrm{K}$) aufschreiben: Die Entropie nimmt am absoluten Nullpunkt (0 K) einen von anderen Zustandsgrößen und vom Aggregatzustand unabhängigen konstanten Wert an, den man gleich Null setzen kann, also z. B.

$$\lim_{T \to 0\mathrm{K}} S(p, T) = 0, \quad \lim_{T \to 0\mathrm{K}} S(V, T) = 0. \tag{2.137}$$

Ein beliebiges System möge sich zwischen zwei Volumina V_1 und V_2 abwechselnd isotherm verdichten und adiabatisch entspannen. Dann bleibt jeweils bei reversibler Prozeßführung einmal die Temperatur und zum anderen Mal die Entropie ($dS = 0$ wegen $đQ = 0$) konstant. In Abb. 11 ist der Vorgang im S, T-Diagramm dargestellt. Wenn nun nach (2.137) für alle Werte von V die Entropie bei $T = 0$ K gegen Null geht, so treffen alle Isochoren (auch die mit V_1 bzw. V_2) im Koordinatenursprung zusammen, also nur dort ist $T = 0$ K erreichbar. Das bedeutet aber für den dargestellten Prozeß

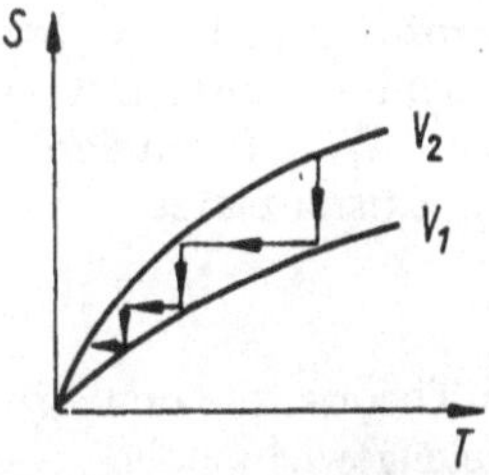

Abb. 11. Unerreichbarkeit von $T = 0$ K

zwischen V_1 und V_2, daß unendlich viele Schritte bis 0 K nötig sind, also die Unerreichbarkeit des absoluten Nullpunkts gemäß (2.136).

Obwohl das Erreichen des absoluten Nullpunkts der Temperatur prinzipiell unmöglich ist, kann man durch adiabatische (isentrope) Vorgänge Temperaturerniedrigungen erzielen (vgl. Abb. 11), die im Falle einer adiabatischen Entmagnetisierung des paramagnetischen Salzes Cer-Magnesium-Nitrat bis auf 0,002 K möglich war, wenn von einer Anfangstemperatur 1 K ausgegangen und ein magnetisches Feld von $1{,}6 \cdot 10^6\ \mathrm{Am}^{-1}$ ausgeschaltet wurde (vgl. KITTEL, 1973). Diese als magnetokalorischer Effekt bezeichnete Erscheinung soll hier nicht berechnet, sondern nur plausibel gemacht werden: Im magnetischen Feld erfolgt eine Ausrichtung der Elementarmagnete der paramagnetischen Substanz. Wenn das Feld abgeschaltet wird, haben die Elementarmagnete das Bestreben, wieder ihre statistische Unordnung anzunehmen. Weil die Entropie bei einem adiabatischen Prozeß (thermische Isolation) aber konstant ist, ist die Erniedrigung des Ordnungsgrades nicht mit einer Entropieerhöhung (vgl. 5.4.), sondern mit einer Temperaturerniedrigung verbunden.

2.5. *Prinzip der minimalen Entropieproduktion*

Das in der Überschrift genannte Prinzip fußt auf einer linearen Theorie für irreversible Prozesse und auf den für die darin auftretenden Koeffizienten gültigen ONSAGER*schen Reziprozitätsbeziehungen.* Wir formulieren diese Beziehungen im Rahmen eines Existenzsatzes:

$$\exists\, L_{ij} \quad \text{mit}\ L_{ij} = L_{ji}, \tag{2.138}$$

d. h., es existieren in einer linearen Theorie, die den Ablauf irreversibler Prozesse in Gleichgewichtsnähe beschreibt, *phänomenologische Koeffizienten,* die *symmetrisch* sind.

Zur Erläuterung dieses Sachverhalts gehen wir von der durch (2.40) definierten *Entropieproduktion* aus. Zur Ableitung eines die verschiedenen Vorgänge erfassenden Ausdrucks für diese Größe wird, auf das Volumenelement eines beliebigen thermodynamischen Systems angewendet, die *Entropiebilanz* aufgeschrieben. Mit Hilfe der *Massen-* und *Energiebilanz* läßt sich die Bilanzgleichung der Entropie, die hier alle makroskopischen Vorgänge außer der elektromagnetischen erfaßt, umformen (auf die umfangreichen Ableitungen muß aus Platzgründen verzichtet werden), so daß entsteht

$$\frac{\partial}{\partial t}(\varrho s) = \left\{ \sum_{p=1}^{3} W_p \frac{\partial T^{-1}}{\partial x_p} - \sum_{k=1}^{K} \sum_{p=1}^{3} (\varrho_k \Delta v_{kp}) \right.$$
$$\times \left[\frac{\partial}{\partial x_p}\left(\frac{\mu_k}{T}\right) - \frac{P_{kp}}{T} \right] - \frac{1}{T} \sum_{p=1}^{3} \sum_{q=1}^{6} p'_{pq} \frac{\partial v_p}{\partial x_p}$$

$$+ \sum_{r=1}^{R} w_r \frac{A_r}{T}\Bigg\}$$

$$- \left\{ \sum_{p=1}^{3} \frac{\partial}{\partial x_p} \left[\varrho s v_p + \frac{W_p}{T} - \sum_{k=1}^{K} \left(\frac{\mu_k}{T}\right) (\varrho_k \, \Delta v_{kp}) \right] \right\}$$

$$\equiv p[S] - \operatorname{div} \boldsymbol{j}[S]. \tag{2.139}$$

Zur Ableitung wurde die GIBBS*sche Gleichung* (2.66) als gültig vorausgesetzt, eine Forderung, die durchaus nicht trivial ist und mit der Annahme des *lokalen Gleichgewichts* zusammenfällt. Lokales Gleichgewicht besagt nicht etwa Vorliegen maximaler Entropie, d. h., thermodynamische Gleichgewichtssituation nach (2.115a) liegt nicht vor. Dagegen beinhaltet das lokale Gleichgewicht, daß in einem hinreichend großen (viele atomare Dimensionen, da sonst keine makroskopische, d. h. thermodynamische Rechnung möglich ist) Volumenelement der Einfluß von Gradienten der Zustandsgrößen vernachlässigbar ist. Die Gültigkeit der Zustandsgleichungen und aller thermodynamischen Gesetze wird vorausgesetzt.

Die in (2.139) stehenden extensiven (erscheinen nicht explizit) Größen wie S, E, V (reine Volumenarbeit!) und n_k sind eine Summe über die Phasen f des betreffenden Volumenelements.

Es werden jetzt die in (2.139) verwendeten Größen erläutert. Der Ausdruck in der zweiten geschwungenen Klammer stellt die Divergenz der Entropiestromdichte dar, die für offene Systeme von Bedeutung ist und hier nicht näher interessieren soll. Die linke Seite gibt die partielle zeitliche Änderung der Entropiedichte wieder, weil ϱ die Gesamtmassendichte und s die spezifische Entropie ist. Die Größen der Entropieproduktion $p[S]$ (die eckige Klammer bedeutet nur, daß sich die Produktionsgröße p auf die Entropie bezieht), die in der ersten geschwungenen Klammer von (2.139) stehen, bedeuten der Reihe nach folgendes:

W_p = Wärmestromvektorkomponenten ($\mathrm{Jm^{-2}s^{-1}}$) in Richtung fallender Temperatur,

$\varrho_k \, \Delta v_k$ = Vektor des Massendiffusionsstromes ($\mathrm{kg\,m^{-2}s^{-1}}$); der Bezugspunkt für die Differenzgeschwindigkeit Δv_k der Komponente k (ϱ_k) ist die Schwerpunktbewegung des Systems; der Diffusionsstrom wird entweder durch ein Konzentrationsgefälle (entspricht μ_k, vgl. (1.24) und (2.104)) oder durch äußere Kräfte P_{kp} hervorgerufen.

x_p = kartesische Koordinaten im dreidimensionalen Ortsraum (der Index p zählt also die Koordinaten, ist vom Symbol her wohl kaum mit dem Druck bzw. mit der Energieproduktion $p[S]$ zu verwechseln).

p'_{pq} = Drucktensor ($\mathrm{Nm^{-2}}$); er spielt eine Rolle in bewegten, viskosen Flüssigkeiten bzw. bei der Verformung von Festkörpern mit Hysterese- und Relaxationseffekten. Seine Bedeutung wird dann klar, wenn man sich den Transport von Impuls zwischen zwei Schichten einer laminar bewegten Flüssigkeit und dessen Zusammenhang mit den dabei wirkenden Tangentialspannungen vergegenwärtigt (deshalb steht auch zur Unterscheidung der Strich am Symbol p).

v_p = Komponenten des Geschwindigkeitsvektors im Raumpunkt x_1, x_2, x_3,

T = Temperatur,

w_r = *Reaktionsrate* für die Reaktion r ($\mathrm{mol\,m^{-3}\,s^{-1}}$); es wird der „Mengenstrom“ bei chemischen Umsetzungen wiedergegeben.

A_r = *chemische Affinität* ($\mathrm{J \cdot mol^{-1}}$; treibende Kraft bei chemischen Reaktionen:

$$A_r = \sum_{k=1}^{K} \nu_{kr} \, M_k \mu_k . \tag{2.140}$$

Statt des auf die Menge bezogenen chemischen Potentials $\bar{\mu}_k$ ist hier das auf die Masse bezogene μ_k verwendet, für das gilt:

$$\mu_k = \frac{1}{M_k}\,\bar{\mu}_k = \left(\frac{\partial G}{\partial m_k}\right)_{p,T,m_j} \tag{2.141}$$

mit M_k als der molaren Masse und m_k als der Masse der Komponente k. Die ν_{kr} sind die *stöchiometrischen Koeffizienten* in der Reaktion r mit

$$\sum_{k=1}^{K} \nu_{kr} M_k = 0 \tag{2.142}$$

(*Massenerhaltung* bei einer *chemischen Reaktion*).

Die vier getrennt aufgeführten Terme der *Entropieproduktion* in (2.139) beziehen sich in der angegebenen Reihenfolge auf *Wärme-*, *Materie-*, *Impulsfluß* und *chemische Reaktionen*. Es handelt sich um *irreversible Vorgänge*, die mit der *Erzeugung von Entropie* verknüpft sind.

Wenn man die durch (2.139) definierte Entropieproduktion $p[S]$ für ein eindimensionales Problem genauer untersucht und $p[S]$ dazu mit einem symmetrisch zu einer geeigneten Wand liegenden Volumenelement $\mathrm{d}V$ multipliziert, erhält man

$$\frac{\text{đ}_i S}{\mathrm{d}t} \geqq 0$$

nach (2.40). Dies gilt bei einem Wärmeausgleich nur, wenn die Wärme von höheren zu niederen Temperaturen „fließt"; bei einem Massenausgleich nur, wenn Masse von der höheren zur niederen Konzentration diffundiert; bei einem Impulsausgleich nur, wenn Impuls von höherer zu niederer Geschwindigkeit wandert; bei einer chemischen Reaktion nur, wenn diese spontan ablaufen kann (Produkt aus Reaktionsrate und Affinität muß positiv sein).

Betrachtet man die Struktur der Ausdrücke für die Entropieproduktion pro Volumeneinheit in (2.139) genauer, so kann man ganz allgemein schreiben

$$p[S] = \sum_{i=1}^{N} J_i X_i, \tag{2.143}$$

wobei die kinematischen Größen J_i als *thermodynamische Flüsse* ($\boldsymbol{W}$ = Wärmefluß, $\varrho_k \Delta \boldsymbol{v}_k$ = Massenfluß der Komponente k, p'_{pq} = Drucktensor bei Reibungseffekten, w_r = chemische Reaktionsrate) und die thermodynamischen Größen X_i als *thermodynamische Kräfte* bezeichnet werden (grad $T^{-1} = -\frac{1}{T^2}$ grad T = Temperaturgradient, grad $\frac{\mu_k}{T}$ = Gradient des chemischen Potentials bei isothermen Verhältnissen ($\triangleq$ Konzentrationsgradient), $\boldsymbol{P}_k$ = äußere Kräfte, z. B. elektromagnetische oder Gravitation, A_r = chemische Affinität der Reaktion r). Die Aufspaltung in Flüsse und Kräfte ist nicht willkürfrei. *Invariant* bleibt nur das Produkt $p[S]$, wenn andere Flüsse J_i' und Kräfte X_i' eingeführt werden:

$$p[S] = \sum_{i=1}^{N} J_i X_i = \sum_{i=1}^{N} J_i' X_i'. \tag{2.144}$$

Die Festlegung günstiger J_i und X_i wird von Rechenvorteilen bestimmt. Statt $p[S]$ wird zur Kennzeichnung der *Energiedissipation* bei den oben genannten irreversiblen Vorgängen (durch „Reibungseffekte" wird bei diesen Prozessen prinzipiell mehr Energie verbraucht als im reversiblen, d. h. quasistatischen Fall) manchmal die *Dissipationsfunktion* Φ nach Rayleigh verwendet:

$$\Phi \equiv T \cdot p[S] = \sum_{i=1}^{N} J_i^* X_i^*. \tag{2.145}$$

Das bedeutet natürlich eine Abänderung der Kräfte und Flüsse gegenüber (2.143), was durch den Stern angedeutet ist.

Mit den Bezeichnungen von (2.139) sollen jetzt noch drei Spezialfälle thermodynamischer Situationen angeführt werden:

a) $p[S] = 0, \quad \operatorname{div} \boldsymbol{j}[S] = 0$ heißt *thermodynamisches Gleichgewicht* im *abgeschlossenen System*,

b) $p[S] > 0$ heißt *thermodynamisches Nichtgleichgewicht* im beliebigen System (Ablauf *irreversibler Prozesse*),

c) $\frac{\partial}{\partial t}(\varrho s) = 0, \operatorname{div} \boldsymbol{j}[S] = p[S] > 0$ heißt *stationäres* oder *Fließgleichgewicht* im geschlossenen oder offenen System, d. h. die produzierte Entropie wird gerade abtransportiert (biologische Objekte!).

Wir wollen nach diesen Feststellungen über Entropieproduktion, Kräfte und Flüsse die im Zusammenhang von (2.138) erwähnte lineare Theorie ausführen. Nach Fall a) gilt im Gleichgewicht des abgeschlossenen Systems

$$p[S] = 0, \tag{2.146}$$

d. h.

$$J_i = 0, X_i = 0 \quad (i = 1, 2, \ldots, N) \tag{2.147}$$

für alle N Kräfte und Flüsse. Also werden in Gleichgewichtsnähe die Werte von J_i und X_i so klein sein, daß, wenn überhaupt Beziehungen zwischen ihnen bestehen, diese als *linear* angenommen werden können (alle Flüsse sollen von allen Kräften abhängen):

$$J_i = \sum_{j=1}^{N} L_{ij} X_j \quad (i = 1, 2, \ldots, N). \tag{2.148}$$

Die Gleichungen (2.148) heißen *phänomenologische Gleichungen* und die auftretenden Koeffizienten L_{ij} *phänomenologische Koeffizienten*. Diese Gleichungen sind zunächst symbolisch aufzufassen, denn wir haben gesehen, daß *Flüsse* und *Kräfte skalare, vektorielle* und *tensorielle Größen* darstellen können. Ferner können die L_{ii} als

Eigenkoeffizienten bezeichnet werden, weil sie einen Fluß nur mit seiner zugehörigen Kraft koppeln (z. B. Wärmefluß und Temperaturgradient), während die $L_{ij}(i \neq j)$ Wechselwirkungskoeffizienten (z. B. Massenfluß mit Temperaturgradient gekoppelt) heißen.

Mit (2.148) wird aus (2.143)

$$p[S] = \sum_{i=1}^{N} \sum_{j=1}^{N} L_{ij} X_j X_i \geqq 0 \tag{2.149}$$

wegen (2.40).

Für zwei Flüsse und Kräfte sieht (2.148) bzw. (2.149) folgendermaßen aus:

$$J_1 = L_{11} X_1 + L_{12} X_2 , \tag{2.150a}$$

$$J_2 = L_{21} X_1 + L_{22} X_2 , \tag{2.150b}$$

$$p[S] = L_{11} X_1^2 + (L_{12} + L_{21}) X_1 X_2 + L_{22} X_2^2 \geqq 0. \tag{2.151}$$

Das Ungleichheitszeichen ist nach den Regeln der Algebra nur möglich, wenn

$$L_{11} > 0, L_{22} > 0, \tag{2.152a}$$

$$L_{11} L_{22} > L_{12} L_{21} . \tag{2.152b}$$

Für die Koeffizienten in (2.148) gelten die schon angegebenen ONSAGER*schen Reziprozitätsbeziehungen* (vgl. (2.138))

$$L_{ij} = L_{ji} \quad (i \neq j), \tag{2.153}$$

die in einer Verallgemeinerung von CASIMIR folgendermaßen aufzuschreiben sind (Berücksichtigung z. B. von Magnetfeldern):

$$L_{ij} = \alpha_i \alpha_j L_{ji} \quad (i \neq j) \tag{2.154}$$

mit $\alpha_i = \pm 1$, $\alpha_j = \pm 1$. Das positive Vorzeichen gilt für zwei „gerade" Kräfte X_i, X_j (sie wechseln ihr Vorzeichen bei Zeitumkehr nicht), und das negative Vorzeichen ist für zwei ungerade Kräfte (Vorzeichenumkehr bei Zeitumkehr) gültig. Die Beziehungen (2.153) sind für die Wärmeleitfähigkeitskoeffizienten in anisotropen Kristallen experimentell aufgefunden worden und dann von ONSAGER axiomatisch verallgemeinert worden. Für andere Erscheinungen sind experimentelle Beweise von MILLER (1960) zusammengestellt worden.

Wir hatten im obigen Fall c) gesagt, daß im *Fließgleichgewicht* (*steady state*) ein *stationärer Zustand* vorliegt, in dem die produzierte Entropie gerade abtransportiert wird. Wird nun der Zustand mit $p[S] = 0$ (Fall a: Gleichgewicht im abgeschlossenen System) mit einem *absoluten Minimum der Entropieproduktion* identifiziert, so strebt ein solches System unter der Wirkung von N Kräften X_i durch Ablauf irreversibler Prozesse gerade dieses Minimum an. Ist es erreicht, so sind per definitionem sämtliche Flüsse $J_i = 0$ $(i = 1, 2, \ldots, N)$, weil alle treibenden Kräfte X_i verschwinden (Ausgleichvorgänge!). Es gilt also tatsächlich $p[S] = 0$.

Jetzt stellen wir uns das gleiche System offen vor und halten durch äußere Einflüsse $N'(< N)$ Kräfte konstant (z. B. halten zwei Wärmereservoire mit konstanter Temperatur immer einen Temperaturgradienten aufrecht oder Anfangs- und Endprodukte einer chemischen Reaktion werden in ihrer Konzentration immer konstant gehalten). Das System kann also nicht in den Gleichgewichtszustand gelangen, sondern nur in einen *stationären Zustand* (Fließgleichgewicht). Da im abgeschlossenen System zum Gleichgewicht $p[S] = 0$ gehörte, nehmen wir jetzt an, daß im stationären Zustand ein *relatives Minimum* von $p[S]$ (PRIGOGINE-*Prinzip*) angestrebt wird. Wir sprechen von einem *stationären Zustand N'-ter Ordnung*.

Es wird das Beispiel zweier Flüsse und Kräfte von (2.150) betrachtet und durch Festhalten nur einer Kraft ein stationärer Zustand 1. Ordnung behandelt. Mit Verwendung der entsprechenden ONSAGER-Relation wird

$$p[S] = L_{11}X_1^2 + 2L_{12}X_1X_2 + L_{22}X_2^2. \quad (2.155)$$

Es werde die Kraft X_1 festgehalten, so daß für den entsprechenden irreversiblen Prozeß kein Ausgleich zum Gleichgewicht möglich ist. Dann ergibt sich aus (2.155)

$$\left(\frac{\partial p[S]}{\partial X_2}\right)_{X_1} = 2(L_{21}X_1 + L_{22}X_2) = 2J_2 \quad (2.156)$$

d. h., $p[S]$ nimmt ein relatives Minimum an ((2.156) ist gleich Null), wenn der zur nicht festgehaltenen Kraft X_2 gehörige Fluß J_2 verschwindet. Ein Ergebnis, das in Analogie zum absoluten Minimum $p[S] = 0$, wo alle Flüsse verschwinden, sehr einleuchtend erscheint.

Für diesen einfachen Fall ergibt sich für den Minimalwert $p[S]_{\min}$ mit $X_{2,\min} = -\frac{L_{21}}{L_{22}} X_{1,\min}$ (wegen $J_{2,\min} = 0$):

$$p[S]_{\min} = \left(L_{11} - \frac{L_{12}^2}{L_{22}}\right) X_{1,0}^2 > 0. \quad (2.157)$$

Zur Ableitung des PRIGOGINE-*Prinzips minimaler Entropieproduktion*, das nicht nur für diesen Fall zweier Kräfte und Flüsse, sondern ganz allgemein gilt (es müssen jedoch die physikalische Situation und die zugehörigen Beschränkungen in jedem Falle genau analysiert werden), war die Annahme *linearer Kraft — Fluß — Beziehungen* und der ONSAGER-Relationen nötig. Die lineare Theorie ihrerseits basierte auf der Annahme des lokalen Gleichgewichts einzelner Systemelemente (das Gesamtsystem sollte sich in Gleichgewichtsnähe befinden).

2.6. Nichtlinearitäten

Im vorangehenden Kapitel hatten wir die Nichtgleichgewichtsthermodynamik in linearer Näherung behandelt und mit der Annahme des *lokalen Gleichgewichts* für einzelne Volumenelemente gerade Gleichgewichtsnähe für das Gesamtsystem vorausgesetzt. Wie ist die Situation physikalisch zu beschreiben, wenn sich das System jetzt sehr weit weg vom thermodynamischen Gleichgewicht befindet? Wieder setzen wir lokales Gleichgewicht voraus und fordern zusätzlich im Zusammenhang des weiter unten noch abzuhandelnden *Prinzips von* GLANSDORFF und PRIGOGINE, daß auch bei Zuständen weit weg vom Gleichgewicht in verschiedenen Fällen gilt:

$$\exists \text{ extensive und intensive Variable,} \tag{2.158}$$

d. h., es existieren nicht nur für Gleichgewichtszustände, sondern auch für eine Klasse von Nichtgleichgewichtszuständen thermodynamische Größen.

Zur Vorbereitung auf das Prinzip von GLANSDORFF und PRIGOGINE betrachten wir ein allgemein bekanntes Beispiel: Die *laminare Strömung in einer inkompressiblen viskosen Flüssigkeit.* Der Einfachheit halber wird das NEWTONsche Gesetz für die ebene Strömung mit einseitiger Wandbegrenzung angesetzt (Abb. 12):

$$p'_{yx} = -\eta \frac{\partial v_y}{\partial x}. \tag{2.159}$$

Das negative Vorzeichen beinhaltet, daß wir mit Drucken statt mit Tangentialspannungen rechnen.

Es werden jetzt die *Variationen erster Ordnung* der bei

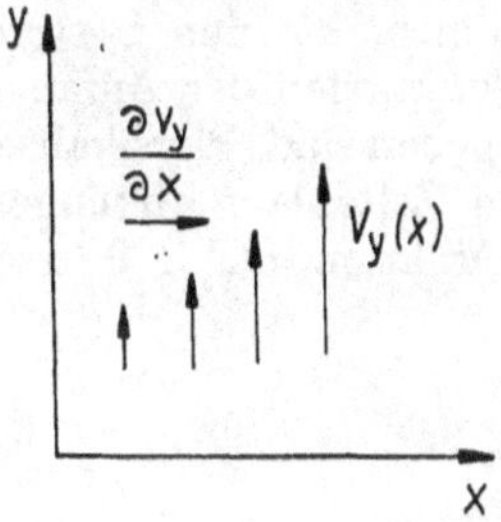

Abb. 12. Ebene laminare Strömung mit einseitiger Begrenzung, $|p'_{xy}|$ = Tangentialspannung zwischen zwei Schichten (Normalenrichtung x) in y-Richtung, v_y = Geschwindigkeit in y-Richtung

der Laminarströmung auftretenden Größen betrachtet. Diese wollen wir uns als auftretende *Störungen* vorstellen. Aus (2.159) wird dann bei konstanter Zähigkeit η

$$\delta p'_{yx} = -\eta\delta\left(\frac{\partial v_y}{\partial x}\right). \tag{2.160}$$

In (2.139) betrachten wir jetzt den entsprechenden Ausdruck für die Störungen in unserem Beispiel und bezeichnen ihn mit $p[\delta S]$ als der *Exzeßentropieproduktion*:

$$p[\delta S] = -\frac{1}{T}\,\delta p'_{yx}\,\delta\left(\frac{\partial v_y}{\partial x}\right). \tag{2.161}$$

Mit (2.160) wird daraus

$$p[\delta S] = \frac{1}{T}\,\eta\left(\delta\left(\frac{\partial v_y}{\partial x}\right)\right)^2 \geqq 0, \tag{2.162}$$

ein Ausdruck, der immer positiv ist. Dies wollen wir als *Kriterium für die Stabilität* ansehen. Die Begründung lautet wie folgt. Für das thermodynamische Gleichgewicht hatten wir bei Gültigkeit von (2.127a) Stabilität gefunden. Das *Stabilitätskriterium* von LJAPUNOV, das rein mathematischer Natur ist, lautet für eine Funktion $y^2(\geqq 0)$

$$\frac{\partial}{\partial t}(y^2) \leqq 0. \tag{2.163}$$

Dabei ist $y(t) = f(t, x_{i0} + \delta x_i) - f(t, x_{i0})$ mit $x_1 = f(t, t_0, x_{i0})$ als den unabhängigen Variablen, die den Systemzustand kennzeichnen und als Funktionen der Anfangswerte x_{i0} und t_0 (Zeitvariable t) gegeben sind. Physikalisch bedeutet das, daß Störungen im Zeitablauf abklingen. Wenden wir (2.163) auf die Funktion $\delta^2 S < 0$ nach (2.127a) an, so wird

$$\frac{\partial}{\partial t}\,\delta^2 S \geqq 0. \tag{2.164}$$

Andererseits bilden wir jetzt das Volumenintegral über (2.139) mit $\boldsymbol{j}[S] = 0$:

$$\frac{\partial S}{\partial t} = \int p[S]\,\mathrm{d}V \equiv P[S]. \qquad (2.165)$$

Entwickeln wir S an der Stelle $S = S_0$ (Gleichgewicht: Maximalwert der Entropie), so ergibt sich bei Abbruch der Reihe nach dem quadratischen Glied aus (2.165)

$$\frac{\partial}{\partial t}\left(\frac{1}{2}\,\delta^2 S\right) = \frac{1}{2}\,\frac{1}{\partial t}\,(\delta^2 S) = P[S] \geqq 0 \qquad (2.166)$$

(berücksichtigt wurde $\frac{\partial}{\partial t}\,S_0 = 0$ und $\delta S = 0$ im Gleichgewicht bei $S = S_0 + \delta S + \frac{1}{2}\,\delta^2 S$). Das Ungleichheitszeichen gilt wegen (2.149), weil die Entropieproduktion immer positiv ist. Mit (2.164) bzw. (2.166) haben wir zwei gleiche Bedingungen erhalten, wobei die erste allgemein für einen *beliebigen Bezugspunkt* und die zweite auf das *Gleichgewicht* bezogen gilt. Ein zweiter Verallgemeinerungsschritt (der erste ist der vom Gleichgewicht auf den beliebigen Bezugszustand, also z. B. auch auf den des *Fließgleichgewichts*) ist der von (2.166) auf das Volumenintegral von (2.162) unseres Beispiels. Die Exzeßentropieproduktion erfüllt in diesem Spezialfall genau die gleiche Bedingung, die durch (2.166), d. h. für die Entropieproduktion, gegeben ist. In einer stabilen laminaren Strömung, für die ja (2.162) immer identisch erfüllt ist, klingen Störungen tatsächlich ab, womit (2.162) als *Stabilitätskriterium* plausibel gemacht ist.

Aus der Erfahrung wissen wir über Turbulenzen in Strömungen bei genügend hohen Geschwindigkeiten (Reynold-Zahlen): Die Struktur der Strömung ist vollständig anders (statt der Schichten liegen Wirbel vor). Die *Energiedissipation* bzw. die *Entropieproduktion* gehorcht dann einem ganz anderen Mechanismus. Das ist aber nur möglich, wenn die lineare Beziehung (2.160) nicht mehr gilt, so daß (2.162) nicht mehr identisch erfüllt ist. Es treten Terme hinzu, deren Vorzeichen negativ sein kann.

Anhand der Abb. 13 soll die Stabilitätssituation veranschaulicht werden. Abb. 13a zeigt, wie in der Ebene der Koordinaten p'_{yx} und $\frac{\partial v_y}{\partial x}$ eine Störung zeitlich abklingt: Das System mündet in den Zustand Z_1 des

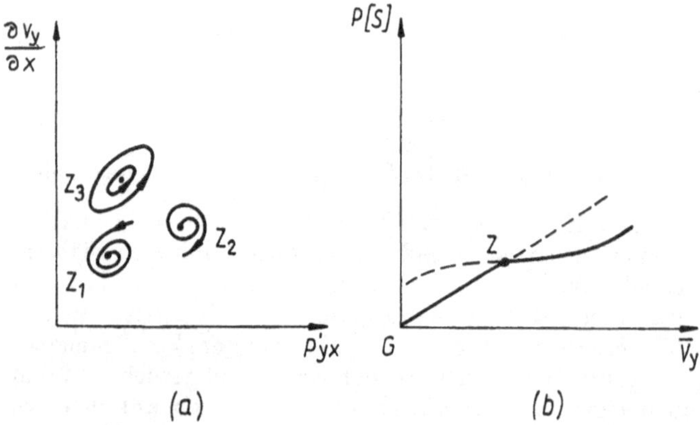

Abb. 13. Stabilität bei der ebenen Strömung

Fließgleichgewichts ein. Der Fall geschlossener Kurven um den stationären Zustand Z_3 bedeutet noch keine Instabilität, sondern es liegen nur Oszillationen um Z_3 vor. Dagegen wird der stationäre Zustand Z_2 infolge von *Instabilitäten* verlassen.

In Abb. 13b ist die Entropieproduktion in Abhängigkeit von der Strömungsgeschwindigkeit $\bar{v}_y$ (= Wert, sehr weit weg von der linken Begrenzung in Abb. 12) dargestellt. Der Nullpunkt entspricht dem thermodynamischen Gleichgewicht G (die Flüssigkeit ruht). Z ist ein Zustand des Fließgleichgewichts, in dem der

Umschlag in die turbulente Strömung erfolgt. Die Kurve hat dort einen Knick, d. h. eine Unstetigkeit im Anstieg (also kein kontinuierlicher Übergang zur neuen Strömungsstruktur). Man nennt das Kurvenstück *GZ thermodynamischen Zweig.*

Nunmehr kann als Verallgemeinerung des Vorstehenden das *Prinzip von* Glansdorff *und* Prigogine wie folgt formuliert werden. In einem stabilen Bezugszustand des thermodynamischen Nichtgleichgewichts muß die Exzeßentropieproduktionsdichte positiv sein:

$$p[\delta S] = \sum_{i=1}^{N} \delta X_i \, \delta J_i \geqq 0, \qquad (2.167)$$

Instabilitäten dagegen entsprechen einer *negativen Exzeßentropieproduktion.* Dann allerdings können auch neue Strukturen (z. B. *dissipative Strukturen*, vgl. Kahrig, Beßerdich, 1977) auftreten. Doch das setzt *nichtlineare Fluß – Kraft – Beziehungen* voraus, und diese sind weit weg vom thermodynamischen Gleichgewicht möglich, wofür andererseits die Existenz der thermodynamischen Variablen überhaupt gesichert sein muß (vgl. (2.158). Die genannten Nichtlinearitäten werden formelmäßig z. B. dadurch erfaßt, daß in (2.148) die phänomenologischen Koeffizienten als Funktionen der Kräfte $L_{ij} = L_{ij}\,(X_1, \ldots, X_N)$ aufgeschrieben werden. Die in 5.1. kurz dargestellte Netzwerkthermodynamik ist ebenfalls eine Möglichkeit, Nichtlinearitäten zu erfassen.

Obwohl in einem Taschenbuch dieser Art eigentlich kein Platz für philosophische Gedankengänge im Zusammenhang mit der Thermodynamik bleibt, mögen doch einige wenige Bemerkungen und Hinweise in dieser Richtung gestattet sein. Es können weder alle Gesetze der voranstehenden Abschnitte berücksichtigt werden noch kann man Ausführlichkeit in Einzelheiten oder eine breite Diskussion des biologischen Aspekts erwarten (vgl. aber z. B. Ebeling u. a., 1970; Ebeling, 1976; Erpenbeck, 1977; Klaus, Buhr, 1974). Die folgenden knappen Feststellungen beziehen sich auf drei ausgewählte Problemkreise: Unzulässige Verallgemeinerung thermodynamischer Gesetzmäßigkeiten, Zustandekommen der Irreversibilität, Dialektik von Zufall und Notwendigkeit im Zusammenhang mit der Strukturierung der Materie.

Von THOMSON und CLAUSIUS wurde im vergangenen Jahrhundert durch Anwendung des 2.HS auf das Weltall als abgeschlossenes System, in dem die Entropie ständig wächst und nach Erreichen des thermodynamischen Gleichgewichts keine Prozesse mehr stattfinden können, in philosophisch falscher Weise auf den „Wärmetod" des Universums geschlossen. Die neueren kosmologischen Theorien zeigen, daß das Weltall kein isoliertes thermodynamisches System ist, für das der 2.HS in dieser Form Anwendung finden kann.

Im nächsten Kapitel wird eine statistische Begründung der thermodynamischen Gesetzmäßigkeiten gegeben. Ausgangspunkt sind dabei die Bewegungsgleichungen der Mechanik (3.3). Mechanische Bewegungen (klassisch und quantentheoretisch) sind in jedem Falle reversibel, d. h. invariant gegen eine Zeitumkehr. Wie kommt aber dann Irreversibilität aller makroskopischen Erscheinungen, was ja letztlich die Voraussetzung für die Formulierung des 2.HS (Entropiewachstum im abgeschlossenen System) ist, zustande? Die Begründung ist philosophischer Natur und muß nach unserem derzeitigen Erkenntnisstand in der allgemeingültigen Kopplung aller Erscheinungen (HEISENBERG: Wenn ein Kind die Puppe aus der Wiege wirft, dann wackelt der Sirius) gesehen werden: Irreversibilität ist eine Folge der „Einbettung" jedes Systems in den Kosmos. Es gibt also praktisch keine isolierten Systeme.

Die letzte Bemerkung soll sich auf die Dialektik von Notwendigkeit und Zufall beziehen. Sie ist im Zusammenhang mit dem 2.HS und dem GLANSDORFF-PRIGOGINE-Prinzip (Gl. (2.167) hängt eng mit der als Evolutionsbedingung $d_x P \leqq 0$ bezeichneten Relation zusammen, vgl. hierzu Glansdorff u. Prigogine, 1971; Ebeling, 1976, d. h. die Änderung der Entropieproduktion bei konstant gehaltenen thermodynamischen Kräften ist negativ semidefinit. Das gilt für jede zeitliche Evolution eines beliebigen makroskopischen Systems) von besonderer Bedeutung. Es ist vom philosophischen Standpunkt völlig falsch angesichts des 2.HS oder des GLANSDORFF-PRIGOGINE-Prinzips auf ein teleologisches Verhalten eines Systems zu schließen. Es liegen hier vielmehr der Materie innewohnende Gesetzmäßigkeiten vor, die das dialektische Wechselspiel zwischen Zufall und Notwendigkeit widerspiegeln. Im Falle des 2.HS sieht das so aus, daß beispielsweise in einem abgeschlossenen System durchaus zufällige Schwankungen mit Entropieverminderung (das geht so weit, daß ein System von zwei Teilchen bzgl. seiner Volumenverteilung auf die beiden Hälften des Gesamtvolumens vollständig reversibel ist) auftreten können, jedoch mit Notwendigkeit, makroskopisch gesehen, Entropieerhöhung auftritt. Anhand der biologischen Selbstorganisation von Makromolekülen, für die auch die obige Evolutionsbedingung $d_xP \leqq 0$ gilt, läßt sich die Dialektik von Zufall und Notwendigkeit mit den Worten von EIGEN, 1971 (deutsche Zusammenfassung) folgendermaßen beschreiben: „Jedes durch Mutation und Selektion erhaltene System ist hinsichtlich seiner individuellen Struktur unbestimmt, trotzdem ist der resultierende Vorgang der Evolution zwangsläufig — also Gesetz. Das Auftreten einer Mutation mit selektivem Vorteil entspricht einer Instabilität, die mit Hilfe des Prinzips von PRIGOGINE und GLANSDORFF für stationäre, irreversible thermodynamische Prozesse als solche erklärt werden kann. Der Optimierungsvorgang der Evolution ist somit im Prinzip unausweichlich, hinsichtlich der Auswahl der individuellen Route jedoch nicht determiniert.“ Organisation und Strukturierung der Materie geschieht also nicht trotz, sondern auf Grund der thermodynamischen Gesetzmäßigkeiten.

3. Statistische Thermodynamik

Bisher wurden makroskopische Eigenschaften und Gesetze der Materie im Rahmen einer *phänomenologischen Theorie* behandelt. In diesem Teil wird nun das Ziel verfolgt, die Thermodynamik durch das Konzept, daß alle Stoffe aus Atomen bzw. Molekülen aufgebaut sind, die den mechanischen Grundgleichungen genügen (*molekularkinetische These*), zu erklären und zu begründen. Es handelt sich bei der *statistischen Thermodynamik* (statistische Physik) um eine atomistische Theorie, in der für jedes Teilchen mit der Masse m_0 die NEWTON*sche Grundgleichung* gilt. Die behandelten Probleme beziehen sich auf größenordnungsmäßig 10^{20} Teilchen. Abgesehen von der prinzipiellen Schwierigkeit, entsprechende Aufgaben mathematisch-numerisch zu lösen, ist es physikalisch völlig uninteressant, was das einzelne Teilchen im Zeitablauf macht. Wir werden uns für *Mittelwerte* und *Schwankungen* solcher Parameter interessieren, die in Zusammenhang mit thermodynamischen (meßbaren) Größen stehen. Es wird trotz des geringen zur Verfügung stehenden Raums versucht, nicht nur etwas zur Statistik der Gleichgewichts-, sondern auch zu der der Nichtgleichgewichtszustände zu sagen.

Zuerst soll als eine der faszinierendsten Naturerscheinungen überhaupt in Verbindung mit der statistischen Thermodynamik die BROWN*sche Molekularbewegung* erwähnt werden (die Schilderung dieses Vorgangs durch THOMPSON, 1966 sei zur Lektüre empfohlen: Analogie zur Bewegung einer Stubenfliege unter einem Lampenschirm). Dieses Phänomen ist wohl einer der besten Beweise für die molekularkinetische These. Eine moderne Behandlung des Problems findet sich bei MAZUR (1965).

Die oben angegebene Konzeption ist verwirklicht, wenn die thermodynamischen Größen auf mechanische Parameter zurückgeführt und wenn die thermodynamischen Gesetzmäßigkeiten durch statistische Beziehungen begründet werden. Das soll im folgenden geschehen.

3.1. *Statistische Begründung thermodynamischer Gesetzmäßigkeiten*

Zur Vorbereitung auf die Ausführungen in Abschnitt 3.1.2. werden zuerst einige Grundlagen zur *Statistik im Phasenraum* gebracht.

3.1.1. *Statistik im mechanischen Phasenraum: Stationäre Gesamtheiten*

Es wird ein System aus N Teilchen betrachtet, die durch die *kanonischen Variablen* p_k, q_l des HAMILTON-*Formalismus* beschrieben werden. Die Bewegung der Teilchen kann durch eine Kurve im $2f$-dimensionalen Phasenraum (f = Zahl der *Freiheitsgrade,* in unserem Fall kartesischer Koordinaten gilt $f = 3N$) vorgegeben werden. Der Ortsvektor zu dieser Kurve werde mit $\boldsymbol{r}$ bezeichnet und für ihn gilt

$$\boldsymbol{r} = \sum_{k=1}^{f} \boldsymbol{e}_k p_k + \sum_{l=f+1}^{2f} \boldsymbol{e}_l q_l = \sum_{k=1}^{f} (\boldsymbol{e}_k p_k + \boldsymbol{e}_{k+f} q_k). \tag{3.1}$$

Die $\boldsymbol{e}_k$ sind orthogonale *Einheitsvektoren* mit

$$\boldsymbol{e}_k \boldsymbol{e}_l = \delta_{kl} = \begin{cases} 1 & k = l \\ 0 & k \neq l \end{cases} \text{für } k, l = 1, 2, \ldots, 2f. \tag{3.2}$$

Für die p_k, q_l gilt voraussetzungsgemäß das System der HAMILTON*schen Differentialgleichungen*

$$\dot{p}_k = -\frac{\partial H}{\partial q_k}, \quad \dot{q}_l = \frac{\partial H}{\partial p_l}, \quad \text{mit } H = H(p_k, q_l) \tag{3.3}$$

als der HAMILTON-Funktion. Der Zeitablauf des (zunächst rein mechanischen) Systems ist durch

$$\boldsymbol{r} = \boldsymbol{r}(t) \tag{3.4}$$

wegen (3.1) und

$$p_k = p_k(t),\ q_l = q_l(t) \tag{3.5}$$

gegeben.

Zunächst betrachten wir *stationäre Gesamtheiten*. Das heißt, wir ersetzen das eine betrachtete System von N Teilchen durch $\tilde{N}$ solche Systeme und zu jedem dieser Systeme gehört ein Vektor $\boldsymbol{r}$ im Phasenraum, so daß zu einem festen Zeitpunkt (in dem die $\tilde{N}$ Systeme betrachtet werden) gerade alle Zustände des einen ursprünglichen Systems im Zeitablauf von den $\tilde{N}$ Systemen angenommen werden. Das eine System wird durch eine Gesamtheit, durch eine Punktschar im Phasenraum repräsentiert. Dieser Gesamtheit von $\tilde{N}$ Systemen kann man eine *Punktdichte* (kurz: *Dichte*) *im Phasenraum* zuordnen. Ändert sich nun diese Dichte im Zeitablauf nicht mehr, so spricht man von einer stationären Gesamtheit. Für die zugehörige Dichte gilt

$$\varrho = \varrho(\boldsymbol{r}), \tag{3.6}$$

d. h., es liegt keine explizite Zeitabhängigkeit bei einer *stationären Dichte* vor.

In dieser Beschreibung eines Systems lassen sich die sogenannten *Scharmittel* einer physikalische Größe C folgendermaßen definieren:

$$\bar{C} = \frac{\int \mathrm{d}\boldsymbol{r}\varrho(\boldsymbol{r})\, C(\boldsymbol{r})}{\int \mathrm{d}\boldsymbol{r}\varrho(\boldsymbol{r})}. \tag{3.7}$$

Integriert wird über das Volumen des Phasenraumes. Wird das stetige Integral in eine diskrete Summe umgeformt, so wird

$$\bar{C} = \sum_i C_i \frac{\tilde{N}_i}{\tilde{N}} = \sum_i C_i w_i. \tag{3.8}$$

Dabei ist C_i der Wert der physikalischen Größe C im Volumenelement (mit dem Index i) des Phasenraumes und w_i ist die durch die Zahl der Punkte $\tilde{N}_i$ in diesem

Volumenelement definierte Wahrscheinlichkeit:

$$w_i = \frac{\tilde{N}_i}{\tilde{N}}. \tag{3.9}$$

Jeder Punkt entspricht einem System der Gesamtheit.

Es sollen jetzt einige Gesamtheiten untersucht und damit die interessierenden thermodynamischen Größen berechnet werden. Zuerst die *mikrokanonische Gesamtheit*. Sie ist durch

$$\varrho(\boldsymbol{r}) = \varrho(H(\boldsymbol{r})) = \varrho(E) = \begin{cases} \varrho_0 \text{ in } \delta E \\ 0 \text{ sonst} \end{cases} \tag{3.10}$$

definiert. Wenn wir jetzt als Beispiel ein *ideales Gas* mit N Teilchen (ohne Wechselwirkung) betrachten, so ist seine Energie durch die kinetische Energie der Teilchen gegeben:

$$E = \frac{1}{2m_0}(p_{1x}^2 + p_{1y}^2 + p_{1z}^2 \cdots + p_{Nx}^2 + p_{Ny}^2 + p_{Nz}^2) \equiv \frac{r^2}{2m_0}. \tag{3.11}$$

Die kartesischen Impulskoordinaten der N Teilchen sind als verallgemeinerte Impulse aufzufassen und m_0 ist die Masse eines Teilchens. Der durch (3.11) definierte Radius r ist der der „*Impulskugel*" ($3N$-dimensionale Kugel im Raum der Impulskoordinaten; auf dieser Kugel liegen alle Phasenraumpunkte, die zur Energie E gehören).

Es wird nun (3.7) mittels (3.10) ausgewertet. Man erhält durch die mittelbare Abhängigkeit über E

$$\overline{C} = \frac{\int \mathrm{d}\boldsymbol{r}\varrho(E(\boldsymbol{r}))\, C(E(\boldsymbol{r}))}{\int \mathrm{d}\boldsymbol{r}\varrho(E(\boldsymbol{r}))}. \tag{3.12}$$

Wir führen in (3.12) alle Integrationen (außer der über E) aus und fassen das Ergebnis in einer Hilfsfunktion

$h(E)$ zusammen:

$$\overline{C} = \frac{\int\limits_{E-\delta E}^{E} \mathrm{d}E' h(E')\, \varrho(E')\, C(E')}{\int\limits_{E-\delta E}^{E} \mathrm{d}E' h(E')\, \varrho(E')}. \tag{3.13}$$

Die durch

$$\int \mathrm{d}\boldsymbol{r} \cdots = \int \mathrm{d}E' h(E') \tag{3.14}$$

eingeführte Funktion $h(E')$ ist dewegen auch gleich

$$h(E') = \frac{\mathrm{d}\Omega(E')}{\mathrm{d}E'}. \tag{3.15}$$

Wenn $\Omega(E)$ das Volumen des Phasenraumes ist, gilt

$$\Omega(E) = \int \mathrm{d}\boldsymbol{r} = \int \mathrm{d}x_1, \mathrm{d}y_1, \mathrm{d}z_1 \cdots \mathrm{d}x_N \mathrm{d}y_N \mathrm{d}z_N \mathrm{d}p_{1x} \mathrm{d}p_{1y} \mathrm{d}p_{1z} \cdots \mathrm{d}p_{Nx} \mathrm{d}p_{Ny} \mathrm{d}p_{Nz}. \tag{3.16}$$

In (3.13) wurden die Integrationsgrenzen im Hinblick auf (3.10) fixiert.

Die explizite Berechnung von (3.16) ergibt

$$\Omega(E) = V^N(ar^{3N}) = V^N a(2m_0E)^{\frac{3N}{2}}, \tag{3.17}$$

wobei V das Volumen des idealen Gases, während $\sqrt[N]{a}r^3$ das der Impulskugel darstellt. Da N Teilchen vorhanden sind, werden beide Volumina in die N-te Potenz erhoben. Der Faktor $\sqrt[N]{a}$ spielt die gleiche Rolle wie $\frac{4}{3}\pi$ bei dem dreidimensionalen Kugelvolumen. Aus (3.17) folgt für (3.15)

$$h(E) = KE^{\frac{3N}{2}-1}. \tag{3.18}$$

Der Faktor K spielt keine Rolle, weil er im Zähler und Nenner von (3.13) steht. Wegen der ungeheuer großen Zahl $N \approx 10^{20}$ sind $\Omega(E)$ und $h(E)$ sehr rasch ansteigende Funktionen; für diese gilt

$$\Omega(E - \delta E) \ll \Omega(E), \tag{3.19}$$

$$h(E - \delta E) \ll h(E). \tag{3.20}$$

Die untere Integrationsgrenze in (3.13) kann also, ohne einen großen Fehler zu begehen, auf $E = 0$ nach unten erweitert werden. Damit entsteht aus (3.13) unter Berücksichtigung von (3.10)

$$\overline{C} = \frac{\int\limits_0^E \mathrm{d}E' h(E') C(E')}{\Omega(E)} \,. \tag{3.21}$$

Wird für $C(E') = E'$ gesetzt, so ergibt sich mit (3.17) und (3.18)

$$\overline{E} = E \cdot \frac{\frac{3N}{2}}{\frac{3N}{2} + 1} \approx E \,, \tag{3.22}$$

d. h., die mittlere Energie stimmt mit der oberen Energiegrenze überein. Die Kenntnis über das ideale Gas war ja gerade diejenige über seine Energie in (3.11). Wird nun das mechanische System, dessen Energie nach (3.10) in einem eng begrenzten Intervall liegt, als thermodynamisches System aufgefaßt, dessen Energie gerade durch (3.22) gegeben ist, so gehört zur *mikrokanonischen Gesamtheit* im mechanischen Sinne das *adiabatische System* im thermodynamischen Sinne.

Eine wesentlich elegantere Methode zur Berechnung von *Scharmittelwerten* und damit von *thermodynamischen Größen* ist mit der *kanonischen Gesamtheit* gegeben. Mechanisch gesehen ist dies ein System, dessen Energie E nicht mehr wie bei der mikrokanonischen Gesamtheit fest vorgegeben ist. Das System kann mit einem sehr großen (sehr viele molekulare *Freiheitsgrade*) zweiten System Energie austauschen. Dieses zweite System spielt, thermodynamisch gesprochen, die Rolle eines *Wärmereservoirs*, so daß die kanonische Gesamtheit ein *isothermes System* widerspiegelt. Es soll auch hiermit der thermodynamische Gleichgewichtszustand beschrieben werden, so daß eine entsprechende stationäre Dichte gefunden werden muß. Dies gelingt, indem die kanonische Gesamtheit (Index 1) und das Wärmereservoir (Index 2) zusammen als mikrokanonische Gesamtheit mit vorgegebener Energie $E_{12} = E_1 + E_2$ aufgefaßt werden. Wird deren Dichte mit ϱ_{12} bezeichnet, so ergibt sich für das Scharmittel der Größe C

$$\overline{C} = \frac{\int \mathrm{d}\boldsymbol{r}_{12}\varrho_{12}C}{\int \mathrm{d}\boldsymbol{r}_{12}\varrho_{12}}, \tag{3.23}$$

wobei $\boldsymbol{r}_{12}$ den Ortsvektor im Phasenraum dieser mikrokanonischen Gesamtheit darstellt und $\mathrm{d}\boldsymbol{r}_{12}$ das zugehörige Volumenelement. Trennen wir das Integral in zwei Teilintegrale (über die kanonische Gesamtheit und über das Wärmereservoir) auf, so ergibt sich

$$\overline{C} = \frac{\iint \mathrm{d}\boldsymbol{r}_1\,\mathrm{d}\boldsymbol{r}_2\varrho_{12}C_1}{\iint \mathrm{d}\boldsymbol{r}_1\,\mathrm{d}\boldsymbol{r}_2\varrho_{12}} \equiv \frac{\int \mathrm{d}\boldsymbol{r}_1\varrho_1C_1}{\int \mathrm{d}\boldsymbol{r}_1\varrho_1}. \tag{3.24}$$

Der Index 1 bei $C(C_1 \equiv C(\boldsymbol{r}))$ soll darauf hinweisen, daß nur die Größen in der kanonischen Gesamtheit interessieren. Deshalb ist auch die Identitätsforderung in (3.24) erhoben worden, die

$$\varrho_1 = \int \mathrm{d}\boldsymbol{r}_2\varrho_{12} \tag{3.25}$$

bedeutet. Für ϱ_{12} gilt gemäß (3.10)

$$\varrho_{12} = \begin{cases} \varrho_0 \text{ in } \delta E_{12} \\ 0 \text{ sonst} \end{cases}. \tag{3.26}$$

Die Dichte ϱ_{12} ist nur im Intervall zwischen $E_{12} - \delta E_{12}$ und E_{12} von Null verschieden. Damit läßt sich (3.25) auswerten:

$$\varrho_1 = \varrho_1(E_1) = \int_{E_2=E_{12}-E_1-\delta E_{12}}^{E_2=E_{12}-E_1} \mathrm{d}\boldsymbol{r}_2\varrho_{12} = \varrho_0(\Omega_2(E_{12} - E_1) - \Omega_2(E_{12} - E_1 - \delta E_{12})). \tag{3.27}$$

Dabei wurde benutzt, daß stationäre Dichten von der

Energie (vgl. (3.10)) abhängen, also $\varrho_1 = \varrho_1(E_1)$. Die Grenzen am Integral wurden gefunden, indem $E_1 + E_2$ gleich $E_{12} - \delta E_{12}$ bzw. E_{12} gesetzt wurde. So wie in (3.21) gemäß (3.19) wird auch in (3.27) das kleinere Phasenraumvolumen vernachlässigt:

$$\varrho_1(E_1) = \varrho_0 \Omega_2(E_{12} - E_1). \tag{3.28}$$

Wegen $E_{12} \gg E_1$ (System 2 hat viel mehr Freiheitsgrade als System 1) kann (3.28) an der Stelle E_{12} in eine TAYLOR-Reihe entwickelt werden:

$$\begin{aligned}\varrho_1(E_1) &= \varrho_0 \Omega_2(E_{12} - E_1) = \varrho_0 \quad \exp \quad (\ln \Omega_2(E_{12} - E_1)) \\ &= \varrho_0 \exp (\ln \Omega_2(E_{12}) - E_1 \left(\frac{\partial \ln \Omega_2}{\partial E_{12}}\right)_{E_{12}} \\ &\quad + \frac{E_1{}^2}{2} \left(\frac{\partial^2 \ln \Omega^2{}_2}{\partial E_{12}^2}\right)_{E_{12}} - + \cdots .\end{aligned} \tag{3.29}$$

Zur Abschätzung der Größenordnung der einzelnen Terme wird (gemäß (3.15) und (3.18))

$$\Omega_2(E_{12} - E_1) = K(E_{12} - E_1)^Z = K \exp Z \ln (E_{12} - E_1) \tag{3.30}$$

als TAYLOR-Entwicklung dargestellt (es ist für $\frac{3N}{2}$ gleich Z gesetzt worden und bei $Z \approx 10^{20}$ ist eine Darstellung wie (3.30) für alle Systeme, nicht nur für ideale Gase, richtig):

$$\begin{aligned}\Omega_2(E_{12} - E_1) &= K \exp Z \ln E_{12} \left(1 - \frac{E_1}{E_{12}}\right) \\ &= K \exp Z \left(\ln E_{12} + \ln \left(1 - \frac{E_1}{E_{12}}\right)\right) \\ &= K \exp \left(Z \ln E_{12} - Z \cdot \frac{E_1}{E_{12}}\right. \\ &\quad \left. - \frac{Z}{2} \left(\frac{E_1}{E_{12}}\right)^2 - \cdots\right).\end{aligned} \tag{3.31}$$

Läßt man in diesem Ausdruck Z und E_{12} gegen unendlich gehen, so liefern die Terme der Klammer der Reihe nach ∞, einen endlichen Grenzwert (E_{12}/Z ist ein Maß für die mittlere Energie je Freiheitsgrad) und 0. Demzufolge sind in (3.29) nur das erste und zweite Glied zu berücksichtigen. Also wird

$$\varrho_1(E_1) = \varrho_0 e^{\ln \Omega_2(E_{12})} \left(e^{-\frac{\delta \ln \Omega_2}{\delta E_{12}}}\right)^{E_1} \equiv c e^{-\beta E_1} \equiv c\vartheta^{E_1}. \tag{3.32}$$

Die Größen c und $\vartheta \equiv e^{-\beta}$ hängen nur von Parametern des Wärmereservoirs ab, d. h., daß das auch für die Dichte ϱ_1 der *kanonischen Gesamtheit* gilt! Die Eigenschaften werden der kanonischen Gesamtheit vom Wärmereservoir auf Grund der Wechselwirkung aufgeprägt. Die Konstante c hat keine physikalische Bedeutung; sie fällt bei der Bildung des *Scharmittels* nach (3.24) wieder heraus. Der „*innere Parameter*“ $\vartheta = e^{-\beta}$ der *kanonischen Gesamtheit* hängt, wie gesagt, mit der Energie je Freiheitsgrad zusammen, und diese ist $1/\beta$, weil βE_1 dimensionslos sein muß.

Nach (3.24) und (3.32) wird das Scharmittel der kanonischen Gesamtheit nunmehr

$$\overline{C} = \frac{\int \mathrm{d}\boldsymbol{r}_1 C(\boldsymbol{r}_1)\, \vartheta^{E_1(\boldsymbol{r}_1)}}{\int \mathrm{d}\boldsymbol{r}_1\, \vartheta^{E_1(\boldsymbol{r}_1)}}. \tag{3.33}$$

Damit wird jetzt das Scharmittel der Energie E_1 bestimmt:

$$\overline{E}_1 = \frac{\int \mathrm{d}\boldsymbol{r}_1 E_1(\boldsymbol{r}_1)\, \vartheta^{E_1(\boldsymbol{r}_1)}}{\int \mathrm{d}\boldsymbol{r}_1\, \vartheta^{E_1(\boldsymbol{r}_1)}}. \tag{3.34}$$

Analog (3.14) wird mit

$$\mathrm{d}\boldsymbol{r}_1 \cdot \vartheta^{E_1} = \mathrm{d}E_1 \cdot h(E_1)\, \vartheta^{E_1}. \tag{3.35}$$

eine Hilfsfunktion $h(E_1)$ eingeführt. Setzen wir für $h(E_1)$ analog zu (3.18) größenordnungsmäßig $E_1{}^{Z_1}$, so können wir von $h(E_1)\,\vartheta^{E_1}$ die Ableitung wie folgt bilden:

$$\begin{aligned}\frac{\mathrm{d}}{\mathrm{d}E_1}\,(E_1 Z_1 \vartheta^{E_1}) &= Z_1 E_1{}^{Z_1\;1}\,\vartheta^{E_1} + \ln\vartheta\cdot\vartheta^{E_1}\cdot E_1{}^{Z_1}\\ &= \vartheta^{E_1} E_1{}^{Z_1-1}\,(Z_1 + E_1 \ln\vartheta) = 0.\end{aligned} \tag{3.36}$$

Durch das Nullsetzen ergibt sich ein Maximum bei

$$E_1 = -\frac{Z_1}{\ln\vartheta}. \tag{3.37}$$

Das zugehörige Maximum ist sehr scharf. (Eine erst bei E_1 sehr steil ansteigende Funktion $E_1{}^{Z_1}$ und eine stark gegen Null gehende Exponentialfunktion $\vartheta^{E_1} = e^{-\beta E_1}$ werden überlagert; als unabhängige Veränderliche stelle man sich vorübergehend wieder E_1' vor.) Wegen dieses Maximums wirkt $E_1{}^{Z_1}\,\vartheta^{E_1}$ wie eine Deltafunktion $\delta(E_1{}^{1'} - E_1)$, die nur bei E_1 einen Beitrag liefert, und deren Integral gerade 1 ergibt, so daß aus (3.34)

$$\bar{E}_1 = \frac{\int \mathrm{d}E_1'\,\delta(E_1' - E_1)\,E_1'}{\int \mathrm{d}E_1'\,\delta(E_1' - E_1)} = E_1 \tag{3.38}$$

folgt. Wir erhalten also mit der kanonischen Gesamtheit das gleiche Ergebnis wie mit der mikrokanonischen Gesamtheit in (3.22). Das gilt auch für die *Scharmittel* anderer *physikalischer Größen.* Es ist gleichgültig, ob ein im *Gleichgewicht* (nur das haben wir bisher betrachtet) befindliches System *adiabatisch* oder *isotherm* ist.

Die sehr umständliche Bestimmung der Scharmittelwerte nach (3.33) soll jetzt mit Hilfe der *Zustandssumme* noch etwas übersichtlicher gestaltet werden. Dazu gehen wir von der *Dichte* (3.32) für die *kanonische Gesamtheit* aus und teilen den gesamten Phasenraum in gleich große Zellen (Volumenelemente) $\Delta\boldsymbol{r}$ ein. Der Index 1 für die kanonische Gesamtheit wird jetzt weggelassen. In jedem

Volumenelement $\Delta \boldsymbol{r}_i (= \Delta \boldsymbol{r})$ wird ein anderer mittlerer Dichtewert ϱ_i gelten, der seinerseits von dem im Volumenelement geltenden Energiewert E_i abhängt. Der kontinuierliche Phasenraum wird also diskret gemacht. In diesem Sinne sind alle vorher auftretenden Integrale als diskrete Summen zu schreiben. Es gilt

$$\tilde{N}_i = \Delta \boldsymbol{r}_i \varrho_i, \tag{3.39}$$

$$\varrho_i = \varrho(E_i) = c\vartheta^{E_i}. \tag{3.40}$$

$\tilde{N}_i$ ist die Anzahl der Systeme der Gesamtheit, die sich in $\Delta \boldsymbol{r}_i$ mit der Energie E_i befinden. Für die Wahrscheinlichkeit, daß irgendeine physikalische Größe $C(\boldsymbol{r})$ den Wert C_i besitzt, gilt

$$w_i = \frac{\tilde{N}_i}{\tilde{N}} = \frac{\Delta \boldsymbol{r} \varrho_i}{\sum_i \Delta \boldsymbol{r} \varrho_i} = \frac{\vartheta^{E_i}}{\sum_i \vartheta^{E_i}}. \tag{3.41}$$

$\tilde{N}$ ist die Gesamtzahl der Systeme in der kanonischen Gesamtheit. Das Scharmittel läßt sich nun trivialerweise nach

$$\bar{C} = \sum_i w_i C_i \tag{3.42}$$

bestimmen. Für die Energie speziell gilt

$$\bar{E} = \sum_i w_i E_i. \tag{3.43}$$

Definieren wir die *Zustandssumme* Q (engl.: *partition function*) als

$$Q(\vartheta) = \sum_i \vartheta^{E_i}, \tag{3.44}$$

so ergibt sich in eleganter Form

$$\frac{\partial \ln Q}{\partial \ln \vartheta} = \frac{\partial}{\partial \ln \vartheta} \ln \sum_i e^{E_i \ln \vartheta} = \frac{\sum_i E_i \vartheta^{E_i}}{\sum_i \vartheta^{E_i}} = \bar{E} \tag{3.45}$$

wegen (3.41) und (3.43). Ferner gilt

$$\frac{\partial^2 \ln Q}{(\partial \ln \vartheta)^2} = \frac{\partial E}{\partial \ln \vartheta} = \frac{\sum\limits_i E_i^2\, \vartheta^{E_i}}{\sum\limits_i \vartheta^{E_i}} - \frac{\left(\sum\limits_i E_i \vartheta^{E_i}\right)^2}{\left(\sum\limits_i \vartheta^{E_i}\right)^2}$$

$$= \overline{E^2} - \overline{E}^2 = (\Delta E)^2. \tag{3.46}$$

Wir haben also auf ganz einfache Weise durch einmalige bzw. zweimalige Ableitung des natürlichen Logarithmus der Zustandssumme nach dem Logarithmus des inneren Parameters ϑ die *mittlere Energie* bzw. deren *Schwankung* erhalten. Die Zustandssumme ist also eine vorzügliche Rechenhilfe.

Wenn wir $\ln Q$ nach E_i ableiten, ergibt sich

$$\frac{\partial}{\partial E_i} \ln Q = \frac{\partial}{\partial E_i} \ln \sum_i e^{E_i \ln \vartheta} = \frac{\ln \vartheta \cdot \vartheta^{E_i}}{\sum\limits_i \vartheta^{E_i}} = w_i \ln \vartheta. \tag{3.47}$$

Damit wird das Scharmittel jeder beliebigen Größe nach (3.42)

$$\overline{C} = \sum_i C_i \frac{\partial}{\partial E_i} \frac{\ln Q}{\ln \vartheta}, \tag{3.48}$$

womit es auch auf die Zustandssumme zurückgeführt ist.

Weitere Betrachtungen zum Auffinden thermodynamischer Größen mittels der Zustandssumme werden erst nach der statistischen Begründung des 2.HS gegeben.

Im Zusammenhang der Scharmittelbildung muß abschließend noch etwas zur *Ergodenhypothese* gesagt werden. Wir hatten die Scharmittelwerte bisher als thermodynamische Größen in Gleichgewichtszuständen gedeutet und zu ihrer Bildung eine Gesamtheit von Systemen angenommen. In Wirklichkeit liegt aber nur ein System vor (denken wir an das ideale Gas aus N Teilchen), und von diesem einen System ist das zeitliche Mittel für eine physikalische Größe (nehmen wir z. B. den Druck an) zu bilden, um damit einen thermodynamischen Parameter des Systems zu gewinnen. Wie gut stimmt nun dieser *zeitliche Mittelwert* (Mittlungszeit τ)

$$\overline{C}_\tau = \frac{1}{\tau}\int_{t-\tau}^{t} C(t)\,\mathrm{d}t = \frac{1}{\tau}\int_{0}^{\tau} C(t)\,\mathrm{d}t \tag{3.49}$$

mit dem berechneten Scharmittelwert $\overline{C}$ überein? Zur mathematischen Fixierung dieses Sachverhalts verwenden wir ein eindimensionales System (harmonischer Oszillator oder eindimensionale Bewegung eines freien Teilchens zwischen zwei reflektierenden Wänden) mit einer Orts- und Impulskoordinate q und p. Sind die beiden Funktionen in ihrer Zeitabhängigkeit vollständig bekannt (z. B. als $g(t)$ und $f(t)$), so kann die in (3.7) stehende Dichte als

$$\varrho(p, q) = \frac{1}{\tau}\int_{0}^{\tau} \mathrm{d}t\, \delta(p - f(t))\, \delta(q - g(t)) \tag{3.50}$$

geschrieben werden. Die Auswertung von (3.7) ergibt

$$\overline{C} = \overline{C}_\tau,$$

d. h., exakte Übereinstimmung von *Scharmittel* und *Zeitmittel*. Der entgegengesetzte Fall für eine Dichte $\varrho(p, q)$ ist der, daß völlige Unkenntnis über die Bewegung vorliegt und demzufolge die Dichte im gesamten Phasenraum konstant gesetzt werden muß. Die Auswertung von (3.7) kann z. B. bei $C(p, q) > 0$ unendlich ergeben (es wird über die ganze Phasenfläche integriert!) oder auch Null ($C(p, q)$ nimmt dann geeignete positive und negative Werte an). Das heißt, Zeitmittel und Scharmittel hängen überhaupt nicht miteinander zusammen.

Nehmen wir jetzt ein beliebiges thermodynamisches System an und berechnen über eine geeignete Gesamtheit ein Scharmittel, so wollen wir annehmen (wobei die näheren Voraussetzungen in jedem Einzelfall untersucht werden müßten), daß

$$\overline{C} \approx \overline{C}_\tau \tag{3.51}$$

gilt. Man nennt dies die *Ergodenhypothese.*

3.1.2. Die Hauptsätze

Zur statistischen Motivierung der Hauptsätze verwenden wir im folgenden wegen der leichteren Handhabung die kanonische Gesamtheit.

Bezüglich des *1.HS* (2.9) gilt es, die beiden Größen A und Q statistisch zu definieren. Die Aussage, daß E eine Zustandsgröße ist, erfährt ihre mechanische (d. h. hier statistische) Begründung trivialerweise darin, daß die Energie eines *konservativen* (keine Reibungskräfte; die HAMILTON-Funktion hängt nicht explizit von der Zeit ab) mechanischen *Systems* (allein mit solchen rechnet die *kanonische Gesamtheit*) eine Erhaltungsgröße ist.

Für die Energie E gilt (3.43) mit (3.41). Der Mittlungsstrich wird jetzt weggelassen. Das Differential wird

$$\mathrm{d}E = \mathrm{d}\left(\sum_i E_i w_i\right) = \sum_i \mathrm{d}E_i w_i + \sum_i E_i \mathrm{d}w_i . \tag{3.52}$$

Es soll jetzt gezeigt werden, daß der erste Term auf der rechten Seite der Größe $\text{đ}A$ entspricht. Dazu wird angenommen, daß das System adiabatische ($\text{đ}Q = 0$) Änderungen erfährt und der Einfachheit halber nur ein äußerer Parameter ξ bei dem Verrichten von *Arbeit* am System variiert wird. Es gilt dann für die HAMILTON-Funktion

$$H = H(p_i, q_i, \xi) \tag{3.52a}$$

und obendrein

$$\text{đ}A = \int_0^\tau \mathrm{d}E = \int_0^\tau \mathrm{d}H = \int_0^\tau \left[\sum_i \frac{\partial H}{\partial p_i} \cdot \frac{\mathrm{d}p_i}{\mathrm{d}t} + \sum_i \frac{\partial H}{\partial q_i} \cdot \frac{\mathrm{d}q_i}{\mathrm{d}t} + \frac{\partial H}{\partial \xi}\, \xi\right] \mathrm{d}t. \tag{3.53}$$

Im Zeitintervall von $0 \cdots \tau$ wird der Parameter ξ um $\mathrm{d}\xi$ geändert und $\dot{\xi} = \frac{\mathrm{d}\xi}{\tau}$ ist die Änderungsgeschwindigkeit (quasistatisch). Wegen (3.3) heben sich die ersten beiden Terme in der eckigen Klammer auf und es bleibt

$$đA = \frac{\mathrm{d}\xi}{\tau} \int\limits_0^\tau \frac{\partial H}{\partial \xi}\,\mathrm{d}t = \mathrm{d}\xi\, \overline{\left(\frac{\partial H}{\partial \xi}\right)_\tau}. \tag{3.54}$$

Dieses Zeitmittel ist durch den Index τ gekennzeichnet und wird durch das entsprechende Scharmittel ersetzt (H entspricht die Energie E),

$$đA = \mathrm{d}\xi \sum_i w_i \frac{\partial E_i}{\partial \xi} = \sum_i w_i \frac{\partial E_i}{\partial \xi}\,\mathrm{d}\xi = \sum_i w_i\,\mathrm{d}E_i, \tag{3.55}$$

womit sich der erste Term von (3.52) ergeben hat, was zu beweisen war.

Für $đQ$ bleibt nur der zweite Ausdruck von (3.52) übrig

$$đQ = \sum_i E_i\,\mathrm{d}w_i = \sum_i \sum_k \sum_l E_i \frac{\partial w_i}{\partial E_l} \frac{\mathrm{d}E_l}{\mathrm{d}\xi_k}\,\mathrm{d}\xi_k + \sum_i E_i \frac{\partial w_i}{\partial \vartheta}\,\mathrm{d}\vartheta, \tag{3.56}$$

wobei dem Austausch von *Wärme* eine Änderung der kanonischen Verteilung in Form geänderter Wahrscheinlichkeiten w_i entspricht, die sowohl aus Variationen der äußeren Parameter ξ_k (jetzt mehrere) über $E_i(\xi_k)$ in ϑ^{E_i} resultieren als auch aus solchen des inneren Parameters ϑ, indem die kanonische Gesamtheit (isothermes System) mit einem anderen Wärmereservoir in Kontakt gebracht wird.

Zur Erfassung des 2.HS und damit zur Gewinnung eines geeigneten Ausdrucks für $đQ$ wird zunächst (3.55) mittels (3.47) umgeformt:

$$đA = \sum_i dE_i \cdot \frac{1}{\ln \vartheta} \cdot \frac{\partial}{\partial E_i} \ln Q \quad \text{mit} \quad Q = Q(\vartheta, E_i(\xi_k)). \tag{3.57}$$

Wegen (mehrere äußere Parameter!)

$$dE_i = \sum_i \frac{\partial E_i}{\partial \xi_k} d\xi_k \tag{3.58}$$

wird

$$\begin{aligned} đA &= \sum_i \sum_k \frac{\partial E_i}{\partial \xi_k} d\xi_k \frac{1}{\ln\vartheta} \frac{\partial}{\partial E_i} \ln Q \\ &= \frac{1}{\ln \vartheta} \sum_k d\xi_k \frac{\partial}{\partial \xi_k} \ln Q, \end{aligned} \tag{3.59}$$

weil

$$\frac{\partial}{\partial \xi_k} = \sum_i \frac{\partial E_i}{\partial \xi_k} \frac{\partial}{\partial E_i}. \tag{3.60}$$

Der Ausdruck

$$d' \equiv \sum_k d\xi_k \frac{\partial}{\partial \xi_k} \tag{3.61}$$

wird zum totalen Differential, wenn $d\vartheta \cdot \frac{\partial}{\partial \vartheta}$ hinzutritt. Wir sehen also, wie aus der Thermodynamik bekannt ist, daß

$$đA = \frac{1}{\ln \vartheta} d' \ln Q \tag{3.62}$$

kein totales Differential ist. Es wird unter Berücksichtigung von (2.9) und (3.45)

$$đQ = dE - đA = d \frac{\partial \ln Q}{\partial \ln \vartheta} - \frac{1}{\ln \vartheta} d' \ln Q \tag{3.63}$$

ein Ausdruck, der nur noch von der Zustandssumme Q

abhängt. Durch weitere Umformung ergibt sich

$$đQ = \frac{1}{\ln \vartheta}\left[\mathrm{d}\left(\ln \vartheta \frac{\partial \ln \mathcal{Q}}{\partial \ln \vartheta}\right) - (\mathrm{d} \ln \vartheta) \frac{\partial \ln \mathcal{Q}}{\partial \ln \vartheta} - \mathrm{d}' \ln \mathcal{Q}\right], \tag{3.64}$$

was sich leicht durch Ausdifferenzieren verifizieren läßt. Auf Grund von $-\ln \vartheta = \ln \frac{1}{\vartheta}$ und Erweiterung mit der Boltzmann-*Konstante* k (vgl. (1.41b)) ergibt sich für $đQ$ (reversibel zugeführte Wärme)

$$đQ = \frac{1}{k \ln \frac{1}{\vartheta}}\, \mathrm{d}\left[k\left(\ln \mathcal{Q} + \left(\ln \frac{1}{\vartheta}\right) \frac{\partial \ln \mathcal{Q}}{\partial \ln \vartheta}\right)\right]. \tag{3.65}$$

Mit (3.65) ist nicht nur ein statistischer (Zurückführung auf die Zustandssumme!) Ausdruck für die Wärme abgeleitet, sondern gleichzeitig der *integrierende Nenner* des *2.HS* gefunden, denn durch Vergleich mit (2.41) erhält man

$$T = T(\vartheta) = \frac{1}{k \ln \frac{1}{\vartheta}}, \tag{3.66}$$

die thermodynamische Temperatur des Systems, das durch die kanonische Gesamtheit (innerer Parameter ϑ) beschrieben wird. Für die Entropie entsteht

$$S = k\left(\ln \mathcal{Q} + \ln \frac{1}{\vartheta} \cdot \frac{\partial \ln \mathcal{Q}}{\partial \ln \vartheta}\right). \tag{3.67}$$

Durch Einsetzen von (3.44) und Beachtung von (3.43) und (3.45) wird

$$S = k\left[\ln \sum_i \vartheta^{E_i} - \sum_i E_i w_i \ln \vartheta\right]$$

$$= -k \sum_i w_i \left[E_i \ln \vartheta - \ln \sum_j \vartheta^{E_j} \right]$$

$$= k \sum_i w_i \ln \frac{\vartheta^{E_i}}{\sum\limits_j \vartheta^{E_j}}. \tag{3.68}$$

Es sind hierbei die Summationsindizes sorgfältig zu unterscheiden und

$$\sum_i w_i = 1 \tag{3.69}$$

ist zu beachten. Mit w_i aus (3.41) wird endgültig

$$S = -k \sum_i w_i \ln w_i. \tag{3.70}$$

Die *Entropie* ist allein auf die Wahrscheinlichkeit der kanonischen Gesamtheit zurückgeführt. Eine weitere Darstellung für S folgt, wenn (3.45) in (3.67) eingesetzt wird:

$$S = k \left(\ln Q + \left(\ln \frac{1}{\vartheta} \right) E \right) = k \ln \frac{Q}{\vartheta^E} = k \ln Q + \frac{E}{T}. \tag{3.71}$$

Nach dem letzten Gleichheitszeichen wurde (3.66) in der Form

$$\vartheta = e^{-\frac{1}{kT}} \tag{3.72}$$

berücksichtigt. Wenn für die freie Energie einer Phase (2.71c) angesetzt wird, ergibt sich mit (3.71)

$$F = E - TS = -kT \ln Q(\vartheta). \tag{3.73}$$

Aus der Zustandssumme kann also die freie Energie und aus dieser wiederum die anderen thermodynamischen Potentiale und somit alle interessierenden thermodynamischen Größen abgeleitet werden.

Die Statistik im Phasenraum hat uns bis jetzt eine Begründung der *Temperatur*, der *Energie* und der *Entropie* geliefert. Bevor etwas zum NERNST*schen Theorem* im Rahmen der Statistik gesagt wird, soll das Rezept der statistischen Behandlung eines thermodynamischen Systems im Gleichgewicht mittels der kanonischen Gesamtheit (spezielle stationäre Dichte) zusammenfassend wiedergegeben werden. Man bildet die HAMILTON-Funktion des Systems und gibt die Werte E_i für jedes Volumenelement $\Delta \boldsymbol{r}_i$ des Phasenraums an. Anschließend berechnet man die Zustandssumme $\mathcal{Q}(\vartheta)$. Aus ihr folgen Energie, Entropie und alle anderen thermodynamischen Größen des Systems. Die nun folgenden Ausführungen zur *Quantenstatistik*, die aus dem NERNSTschen Theorem folgen, seien mit einem Zitat von MÜNSTER (1969) eingeleitet: „Von einem statistischen Verständnis des NERNSTschen Wärmesatzes, das allein die Grundlage für eine exakte Formulierung bilden könnte, kann heute noch keine Rede sein."

Wir gehen davon aus, daß die in (3.70) stehenden Wahrscheinlichkeiten, die die Besetzung der Phasenraumvolumenelemente mit Systemen der Gesamtheit widerspiegeln, einen minimalen Wert $w_{\min}$ besitzen. Das macht man sich am einfachsten an folgendem Beispiel klar. Es sind zwei Teilchen auf zwei Kästen zu verteilen. Wir fragen nach der Wahrscheinlichkeit w_i der *Makrozustände i*, die sich als Summe von nicht unterscheidbaren *Mikrozuständen* ergeben. Es gibt hier vier Mikrozustände (Teilchen 1 und 2 im Kasten 1, Teilchen 1 im Kasten 1 und Teilchen 2 im Kasten 2, Teilchen 2 im Kasten 1 und Teilchen 1 im Kasten 2, Teilchen 1 und 2 im Kasten 2) und drei Makrozustände (beide Teilchen im Kasten 1, ein Teilchen im Kasten 1 und eins im Kasten 2, beide Teilchen im Kasten 2). Die Wahrscheinlichkeiten für diese drei Makrozustände sind $\frac{1}{4}, \frac{1}{2}, \frac{1}{4}$. Die minimale Wahrscheinlichkeit ist $\frac{1}{4}$. Man definiert als BOLTZMANN-

sche oder *thermodynamische Wahrscheinlichkeit*

$$W = \frac{w}{w_{\min}}. \tag{3.74}$$

Sie beträgt für die drei Makrozustände 1, 2, 1. Kommen wir nun wieder auf die $\tilde{N}$ Systeme der Gesamtheit im Phasenraum zurück, dann läßt sich die thermodynamische Wahrscheinlichkeit wie folgt ausdrücken:

$$W = \frac{\tilde{N}!}{\Pi \tilde{N}_i!}, \tag{3.75}$$

weil sich beim Herstellen einer beliebigen Verteilung durch „Hineinwerfen" von Phasenraumpunkten (Systemen der Gesamtheit) in die Volumenelemente $\Delta \boldsymbol{r}_i$ des Phasenraumes die Wahrscheinlichkeit ergibt:

$$w = \frac{\tilde{N}!}{\Pi \tilde{N}_i!} \prod_i \left(\frac{\Delta \boldsymbol{r}_i}{\Delta \Omega}\right)^{\tilde{N}_i}. \tag{3.76}$$

Dabei ist $\tilde{N}_i$ durch (3.39) gegeben und $\Delta\Omega$ bezeichnet das energetisch für die Gesamtheit zugelassene Phasenraumvolumen. Für $w_{\min}$ (alle Phasenraumpunkte $\tilde{N}$ befinden sich in einem einzigen Volumenelement $\Delta \boldsymbol{r}_i$ vgl. obiges Beispiel) wird dann $(0! = 1)$

$$w_{\min} = \frac{\tilde{N}!}{\tilde{N}!} \left(\frac{\Delta \boldsymbol{r}_i}{\Delta \Omega}\right)^{\tilde{N}}. \tag{3.77}$$

Mit (3.75) kann (3.70) umgeformt werden (Beachtung von (3.41)):

$$\begin{aligned} S &= -k \sum_i w_i \ln w_i = k \sum_i - \ln w_i^{w_i} \\ &= k \sum_i \ln \frac{1}{w_i^{w_i}} = k \ln \prod_i \frac{1}{w_i^{w_i}} \\ &= k \ln \frac{1}{\prod_i \left(\frac{\tilde{N}_i}{\tilde{N}}\right)^{\frac{\tilde{N}_i}{\tilde{N}}}} = k \ln \left(\frac{1}{\prod_i \left(\frac{\tilde{N}_i}{\tilde{N}}\right)^{\tilde{N}_i}}\right)^{\frac{1}{\tilde{N}}} \end{aligned}$$

$$= k \ln \sqrt[\tilde{N}]{\frac{\tilde{N}^{\sum\limits_i \tilde{N}_i}}{\prod\limits_i \tilde{N}_i^{\tilde{N}_i}}} = k \ln \sqrt[\tilde{N}]{\frac{(\tilde{N}/e)^{\tilde{N}}}{\prod\limits_i (\tilde{N}_i/e)^{\tilde{N}_i}}}$$

$$= k \ln \sqrt[\tilde{N}]{\frac{\tilde{N}!}{\prod\limits_i N_i!}} = k \ln \sqrt[\tilde{N}]{W}. \tag{3.78}$$

Es wurde ferner $\sum\limits_i \tilde{N}_i = \tilde{N}$ und die STIRLING*sche Formel*

$$\tilde{N}! = \left(\frac{\tilde{N}}{e}\right)^{\tilde{N}} \tag{3.79}$$

benutzt. Daß in (3.78) statt der sonst in den einschlägigen Büchern aufgeschriebenen Formel

$$S = \frac{k}{\tilde{N}} \ln W \tag{3.80}$$

steht, liegt einfach daran, daß die Entropie (extensive Größe) hier auf *ein* System der Gesamtheit bezogen ist. Da $\tilde{N}$ physikalisch völlig bedeutungslos ist, schreiben wir wie üblich

$$S = k \ln W. \tag{3.81}$$

Setzen wir dies in (2.137) ein, so folgt, daß, statistisch gesprochen, die BOLTZMANN*sche Relativwahrscheinlichkeit* bei $T = 0$ K gegen 1 geht. Eine Gesamtheit befindet sich bei $T = 0$ K im Zustand geringster Wahrscheinlichkeit, d. h. alle Phasenraumpunkte müssen sich dann in einer der gleichgroßen *Zellen* (*Volumenelemente*) des Phasenraums befinden. Daraus folgt nun wiederum, daß die Größe der Phasenraumzellen nicht mehr willkürlich sein kann, denn sonst ließe sich durch ständiges Verkleinern von $\Delta \boldsymbol{r}_i$ die Größe $w_{\min}$ immer weiter erniedrigen. Die Gesamtheit hätte dort Platz.

Es wird also wegen des NERNST*schen Theorems* eine

neue Statistik, die *Quantenstatistik* gefordert, die folgende Eigenschaften hat:

a) Die kleinste Zellgröße im Phasenraum für ein System aus N Teilchen (mit je drei Freiheitsgraden für Ort und Geschwindigkeit) ist erfahrungsgemäß

$$\Delta \boldsymbol{r}_i = h^{3N} \tag{3.82}$$

mit dem PLANCK*schen Wirkungsquantum*

$$h = 6{,}625 \cdot 10^{-34}\,\mathrm{Ws}^2. \tag{3.83}$$

Impuls und Ort eines Teilchens sind im eindimensionalen Fall nur im Rahmen der HEISENBERG*schen Unbestimmtheitsrelation* fixiert:

$$\Delta p \Delta q = h. \tag{3.84}$$

b) Es gibt nur noch diskrete, den einzelnen Zellen zugeordnete Werte der physikalischen Größen. Diese sogenannten Eigenwerte lassen sich speziell auch bei der Energie der Größe nach ordnen und mit der SCHRÖDINGER-*Gleichung* berechnen. Die niedrigste Energie gehört zum Grundzustand.

c) Der eigentliche Inhalt der Quantenstatistik besteht in einer anderen Zählung der Zustände, die aus der *Ununterscheidbarkeit der Teilchen* resultiert. Klassische und quantenstatistische Zählung hängen bei einer Summation wie folgt zusammen:

$$\text{klassische} \sum_i 1 = \text{quantenstatist.} \sum_i \frac{N!}{\prod_i n_k!}, \tag{3.85}$$

wobei ein System von N Teilchen vorausgesetzt ist und der Zustand k gerade durch n_k Teilchen besetzt wird.

3.2. *Verschiedene Statistiken*

In (3.85) stehen die Besetzungszahlen n_k für die Zustände k. Diese sollen nunmehr bei hohen und niederen Temperaturen für das ideale Gas zwar nicht explizit berechnet, aber wenigstens angegeben werden. Dazu wird von der *großkanonischen Gesamtheit* (nähere Einzelheiten bei SOMMERFELD (1962), MÜNSTER (1969), MACKE (1962)) ausgegangen. Sie stellt eine kanonische Gesamtheit mit *veränderlicher Teilchenzahl* dar, d. h., daß das in 3.1.1. bei der kanonischen Gesamtheit benutzte Wärmereservoir gleichzeitig noch Teilchenreservoir ist. Entsprechend dieser Tatsache tritt zu dem inneren Parameter ϑ, der mit der Temperatur zusammenhing und die mittlere Energie charakterisierte, ein zweiter hinzu. Es handelt sich um das *chemische Potential* ζ, das die mittlere Teilchenzahl charakterisiert. Diese Bezeichnung im Zusammenhang der Statistik ist historisch bedingt. Durch ein ähnliches Vorgehen wie in 3.1.1. (vgl. (3.44)) bei der kanonischen Gesamtheit gelangt man zur *Zustandssumme* der großkanonischen Gesamtheit (eine elegante physikalisch einsichtige und mathematisch einfache Ableitung s. KITTEL, 1973):

$$\mathcal{Q}_g(\vartheta, \zeta) \equiv \sum_i \vartheta^{E_i - \zeta N_i}. \tag{3.86}$$

Aus dieser lassen sich alle thermodynamischen Größen eines Systems mit veränderlicher Energie und Teilchenzahl berechnen. Hier soll nur die mittlere Besetzungszahl n_k des Zustandes k interessieren. Sie ergibt sich (ohne Beweis) zu

$$n_k = \frac{1}{\ln \vartheta} \frac{\partial}{\partial \varepsilon_k} \ln \mathcal{Q}_g(\vartheta, \zeta, \varepsilon_k), \tag{3.87}$$

wobei (angewendet auf das ideale Gas) ε_k die Teilchenenergie im Einteilchenzustand k ist. Im Zustand i des Gesamtsystems (Teilchenzahl N_i, Energie E_i) liegen in den Teilchenzuständen k gerade n_{ki} Teilchen vor und (3.87) stellt eine Mittlung über diese Zahlen für jedes k dar.

Die Auswertung von (3.87) kann unter verschiedenen Voraussetzungen geschehen. Es werden hier nur die Ergebnisse angegeben. Für hohe Temperaturen (alle

Zustände haben die Besetzungszahlen $n_{ki} = 0$ oder 1) ergibt sich

$$n_k = \vartheta^{\varepsilon_k - \zeta} = e^{-\frac{1}{kT}(\varepsilon_k - \zeta)}. \tag{3.88}$$

Das ist die MAXWELL*sche Verteilung*. Wir sprechen von der MAXWELL-BOLTZMANN-*Statistik*.

Für beliebige, also auch niedrige Temperaturen gibt es zwei verschiedene Näherungen: BOSE-EINSTEIN-*Statistik* (*Bosonen*) und FERMI-DIRAC-*Statistik* (*Fermionen*).

Bei Bosonen können die n_{ki} alle ganzen Zahlen annehmen. Es ergibt sich dann

$$n_k = \frac{1}{e^{(\varepsilon_k - \zeta_B)/kT} - 1}. \tag{3.89}$$

Bei Fermionen hingegen kann jeder Einteilchenzustand k nur mit $n_{ki} = 1$ oder 0 (auch bei $T = 0$ K) besetzt sein. Damit wird

$$n_k = \frac{1}{e^{(\varepsilon_k - \zeta_F)/kT} + 1}. \tag{3.90}$$

ζ_B bzw. ζ_F sind charakteristische Energieparameter der beiden angegebenen Verteilungen, die für $T = 0$ K bzw. $T > 0$ K in Abb. 14 schematisch dargestellt sind.

Da aus Platzgründen, wie schon angedeutet, hier keine ausführliche Abhandlung zu den verschiedenen Statistiken gegeben werden konnte, mögen wenigstens noch einige Erläuterungen zu den drei Verteilungsfunktionen (3.88), (3.89) und (3.90) stehen. Diese Erläuterungen sind gleichzeitig als plausible Ableitungen zu werten. Außerdem geht aus diesen Ableitungen hervor, daß die Zustandssumme (3.86) ganz allgemein gilt, während die Spezifizierungen erst anhand der Beschränkungen für die Besetzungszahlen der Zustände erfolgen.

Zuerst wird die FERMI-DIRAC-Verteilung „abgeleitet“. Auf Grund des PAULI-Prinzips für Teilchen mit halb-

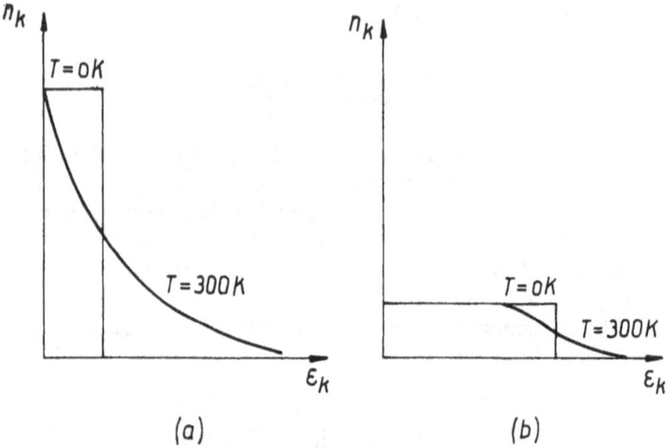

Abb. 14. Verteilung der mittleren Besetzungszahlen n_k über der Teilchenenergie ε_k für (a) Bosonen und (b) Fermionen

zahligem Spin (z. B. Elektronen) kann ein Zustand nur mit einem Teilchen besetzt werden. Wir betrachten nur einen Zustand (als thermodynamisches System) und lassen den Index k weg. Die Zustandssumme (3.86) für diesen einen Zustand wird

$$\mathcal{Q}_g = \sum_{i=0}^{1} e^{-(\varepsilon_i - \zeta n_i)/kT} .$$

Dabei ist über die beiden Besetzungsmöglichkeiten $n_i = 0$ (unbesetzt; in diesem Fall wird die Energie $\varepsilon_i = 0$ gesetzt) und $n_i = 1$ (besetzt; Energie $\varepsilon_i = \varepsilon$) zu summieren, wobei es sich bei ε_i und n_i jetzt um Einteilchenparameter handelt, weswegen auch der Beziehungswechsel von E_i, N_i in ε_i, n_i.

Obendrein wurde für ϑ Gl. (3.72) eingesetzt. Die Auswertung der Summe ergibt

$$\mathcal{Q}_g = 1 + e^{-(\varepsilon - \zeta)/kT} .$$

Der Mittelwert der Besetzungszahl des Zustandes (einfach mit n statt mit n_k bezeichnet) ergibt sich als Verhältnis des zweiten Terms in der Summe zur Summe selbst (entsprechend der Definition des Mittelwerts gemäß (3.42) mit den Wahrscheinlichkeiten analog (3.41)), d. h.

$$n = \frac{\sum\limits_{i=0}^{i} n_i e^{-(\varepsilon_i - \zeta n_i)/kT}}{\mathcal{Q}_g} \quad \text{mit } n_i = i = 0{,}1\,,$$

$$n = \frac{e^{-(\varepsilon - \zeta)/kT}}{1 + e^{-(\varepsilon - \zeta)/kT}} = \frac{1}{e^{(\varepsilon - \zeta)/kT} + 1}.$$

Das ist aber nichts anderes als die FERMI-DIRAC-(FD)-Verteilung (3.90) mit $\zeta_F = \zeta$.

Die BOSE-EINSTEIN-(BE)-Verteilung folgt aus (3.86), indem wieder nur ein Zustand betrachtet wird, in dem diesmal beliebig viele Teilchen (ganzzahliger Spin, z. B. Photonen, Phononen, Atome) „Platz finden". Die Zustandssumme wird deshalb

$$\mathcal{Q}_g = \sum_{i=0}^{\infty} e^{-(\varepsilon_i - \zeta n_i)/kT} = \sum_{i=0}^{\infty} e^{-(\varepsilon - \zeta) n_i/kT}.$$

wobei berücksichtigt wird, daß $n_i = i = 0, 1, 2 \ldots$ und $\varepsilon_1 = \varepsilon$, $\varepsilon_2 = 2\varepsilon$, $\varepsilon_3 = 3\varepsilon \ldots$ (ist der Zustand mit i Teilchen besetzt, so beträgt die Energie $i\varepsilon$, wenn die Energie bei einfacher Besetzung mit ε bezeichnet wird).

Die geometrische Reihe

$$\mathcal{Q}_g = \sum_{i=0}^{\infty} (e^{-(\varepsilon - \zeta)/kT})^i = \frac{1}{1 - e^{-(\varepsilon - \zeta)/kT}}$$

läßt sich elementar summieren $\left(\sum\limits_{i=0}^{\infty} a^i = \frac{1}{1-a}\right)$ und wir haben nur noch

$$n = \frac{\sum\limits_{i=0}^{\infty} n_i a^i}{\sum\limits_{i=0}^{\infty} a^i} \qquad \text{mit } a = e^{-(\varepsilon-\zeta)/kT}$$

auszuwerten.

Es ergibt sich wegen $n_i = i$ und

$$n = \frac{a \dfrac{\mathrm{d}}{\mathrm{d}a} \sum\limits_{i=0}^{\infty} a^i}{\sum\limits_{i=0}^{\infty} a^i} = \frac{a \dfrac{\mathrm{d}}{\mathrm{d}a} (1-a)^{-1}}{(1-a)^{-1}} = \frac{a}{1-a}$$

die Gleichung

$$n = \frac{e^{-(\varepsilon-\zeta)/kT}}{1 - e^{-(\varepsilon-\zeta)/kT}} = \frac{1}{e^{(\varepsilon-\zeta)/kT} - 1}.$$

Das ist aber nichts anderes als die Gl. (3.89) mit $\zeta_B = \zeta$. Zum Schluß kann aus den beiden quantenstatistischen Verteilungen (3.89) und (3.90) die klassische MAXWELL-BOLTZMANN-(MB)-Verteilung (3.88) als Spezialfall abgeleitet werden, indem man sich vor Augen hält, daß die Besetzungszahlen im klassischen Bereich für ein ideales Gas (Fermionen oder Bosonen) bei Raumtemperatur und Atmosphärendruck sehr klein gegen 1 sind (hohe „Verdünnung" im Phasenraum). Diese Voraussetzung ist erfüllt sowohl für die FD- als auch für die BE-Verteilung, wenn der Exponentialterm in (3.90) bzw. (3.89) sehr viel größer als 1 ist. Dann läßt sich +1 bzw. −1 im Nenner vernachlässigen und wir erhalten (3.88)

$$n = e^{-(\varepsilon-\zeta)/kT}.$$

Es sei also zusammenfassend festgestellt, daß für die Besetzungszahlen von Fermionen und Bosonen im klassischen Bereich immer gilt, daß sie sehr klein gegen 1 sind, während im Quantenbereich für Fermionen $n \approx 1$ und für Bosonen $n \gg 1$ gilt.

Der drastische Unterschied von Bosonen und Fermionen sei an zwei Beispielen erläutert. Heliumatome (Bosonen) „kondensieren" bei $T = 0\,\mathrm{K}$ alle im Grundzustand. Zwischen ihnen herrscht also keine Wechselwirkung (*superfluides Helium*!). – Freie Elektronen in einem Metall (Fermionen) müssen, weil jeder Energiezustand nur zweifach (zwei Spineinstellungen!) besetzt sein darf, auch bei $T = 0\,\mathrm{K}$ schon ziemlich hohe Energien aufweisen. Bei endlichen Temperaturen können diese Elektronen nur unwesentliche Energiebeträge aufnehmen und damit zur *spezifischen Wärme der Metalle*, so wie es tatsächlich beobachtet wird, keinen entscheidenden Beitrag liefern.

3.3. Statistik des Nichtgleichgewichts

Bisher war nur von stationären Gesamtheiten, d. h. von der statistischen Behandlung des thermodynamischen Gleichgewichts gesprochen worden. Jetzt sollen dagegen instationäre Gesamtheiten mit zeitlich veränderlichen Dichten noch kurz erwähnt werden, also

$$\varrho = \varrho(\boldsymbol{r}, t). \tag{3.91}$$

Solche Dichten können irreversible Vorgänge beschreiben. Da die Zahl der Systeme (Punkte im Phasenraum) einer Gesamtheit im Zeitablauf erhalten bleiben muß, gilt für $\varrho(\boldsymbol{r}, t)$ eine *Kontinuitätsgleichung*

$$\frac{\partial \varrho}{\partial t} + \operatorname{div} \partial \boldsymbol{a} = 0; \tag{3.92}$$

das bedeutet, daß ein zu einem Anfangszustand gehöriges Gebiet („*Fleck*") *im Phasenraum*, das die Gesamtheit repräsentiert, sich im Zeitablauf nur so bewegen kann, daß es seine Form, aber nicht sein Volumen ändern kann (LIOUVILLE*scher Satz*). Der Vektor $\boldsymbol{a}$ stellt das Geschwindigkeitsfeld im Phasenraum dar und es ergibt sich durch

Ableitung aus (3.1)

$$\dot{\boldsymbol{r}}(t) = \boldsymbol{a}(\boldsymbol{r}), \tag{3.93}$$

die Differentialgleichung für die Bewegung im Phasenraum.

Stationäre Dichten waren (vgl. (3.10)) prinzipiell als $\varrho = \varrho(H(\boldsymbol{r}))$ angesetzt worden. Der Beweis kann hier nachgeholt werden:

$$\frac{\partial \varrho}{\partial t} = -\frac{\partial}{\partial \boldsymbol{r}}(\varrho \boldsymbol{a}) = -\frac{\partial \varrho}{\partial \boldsymbol{r}}\boldsymbol{a} - \varrho\frac{\partial \boldsymbol{a}}{\partial \boldsymbol{r}} = -\frac{\partial \varrho}{\partial \boldsymbol{r}}\boldsymbol{a}$$

$$= -\frac{\partial \varrho}{\partial H}\cdot\frac{\partial H}{\partial \boldsymbol{r}}\boldsymbol{a} = 0 \tag{3.94}$$

weil

$$\frac{\partial \boldsymbol{a}}{\partial \boldsymbol{r}} = 0, \tag{3.95}$$

$$\boldsymbol{a}\frac{\partial H}{\partial \boldsymbol{r}} = 0. \tag{3.96}$$

Dagegen gilt für instationäre Dichten nach Voraussetzung (3.91) stets

$$\frac{\partial \varrho}{\partial t} \neq 0. \tag{3.97}$$

Auf eine explizite mathematische Behandlung (vgl. z. B. Résibois, 1965, und Subarew, 1976: Boltzmannsche Stoßgleichung u. a. Formalismen; eine statistische Begründung der Stabilitäts- und Evolutionskriterien (vgl. Kap. 2.6.) wird bei Ebeling, 1976, S. 166 kurz angedeutet) muß hier verzichtet werden. Es soll nur noch im Zusammenhang von (3.81) und (2.58) für $đQ = 0$ (abgeschlossenes System) auf den Zeitablauf der Entropie kurz eingegangen werden. Demgemäß ist der Zeitablauf einer nichtstationären Gesamtheit durch

$$\frac{\mathrm{d}W}{\mathrm{d}t} \geqq 0$$

fixiert. Die zeitliche Entwicklung eines Systems verläuft (unter Informationsverlust, vgl. 5.4.) stets von Zuständen geringerer Wahrscheinlichkeit zu solchen größerer Wahrscheinlichkeit: W besitzt im stationären Endzustand ein Maximum.

4. Anwendungen

Die Beispiele dieses Teils sollen einen Eindruck davon vermitteln, wie breit das Spektrum von Problemen ist, die mit den Methoden der Thermodynamik zu behandeln sind: Die klassische Thermodynamik liefert einen ganz allgemeinen *Zusammenhang* zwischen *Energie* und *Zustandsgleichung*. Die Thermodynamik irreversibler Prozesse in linearer Näherung wird auf den SEEBECK-*Effekt* angewendet, während *Nichtlinearitäten beim Photosyntheseprozeß* vorgeführt werden. Zuletzt wird die statistische Thermodynamik zur Abschätzung von *Absolutwerten thermodynamischer Kenngrößen* benutzt.

4.1. Zusammenhang von Energie und Zustandsgleichung für thermodynamische Systeme

Es wird ein einfaches System betrachtet, für das die Zustandsgleichung in der Form

$$p = p(V, T) \tag{4.1}$$

vorgegeben ist. Der *1.HS* und der *2.HS* liefern dann eine ziemlich einschränkende Forderung für

$$E = E(V, T). \tag{4.2}$$

Wir benutzen (2.41), (2.9), (1.58) und (2.22). Damit ergibt sich

$$\mathrm{d}S = \frac{đQ}{T} = \frac{\mathrm{d}E + p\,\mathrm{d}V}{T} = \frac{1}{T}\left\{\left(\frac{\partial E}{\partial T}\right)_V \mathrm{d}T + \left[\left(\frac{\partial E}{\partial V}\right)_T + p\right]\mathrm{d}V\right\}. \tag{4.3}$$

Außerdem gilt für das totale Differential von S

$$\mathrm{d}S = \left(\frac{\partial S}{\partial T}\right)_V \mathrm{d}T + \left(\frac{\partial S}{\partial V}\right)_T \mathrm{d}V. \tag{4.4}$$

Der Koeffizientenvergleich von (4.3) und (4.4) führt zu

$$\left(\frac{\partial S}{\partial T}\right)_V = \frac{1}{T}\left(\frac{\partial E}{\partial T}\right)_V, \tag{4.5}$$

$$\left(\frac{\partial S}{\partial V}\right)_T = \left[\left(\frac{\partial E}{\partial V}\right)_T + p\right]. \tag{4.6}$$

Wegen der beliebigen Reihenfolge partieller Ableitungen von E bzw. S (Zustandsfunktionen!) nach V und T gilt

$$\left[\frac{\partial}{\partial V}\left(\frac{\partial S}{\partial T}\right)_V\right]_T = \left[\frac{\partial}{\partial V}\frac{1}{T}\left(\frac{\partial E}{\partial T}\right)_V\right]_T = \left[\frac{\partial}{\partial T}\left(\frac{\partial S}{\partial V}\right)_T\right]_V$$
$$= \left[\frac{\partial}{\partial T}\frac{1}{T}\left[\left(\frac{\partial E}{\partial V}\right)_T + p\right]\right], \tag{4.7}$$

so daß sich

$$\frac{1}{T}\frac{\partial^2 E}{\partial V\,\partial T} = -\frac{1}{T^2}\left[\left(\frac{\partial E}{\partial V}\right)_T + p\right] + \frac{1}{T}\left[\frac{\partial^2 E}{\partial T\,\partial V} + \left(\frac{\partial p}{\partial T}\right)_V\right] \tag{4.8}$$

ergibt, woraus bei Berücksichtigung von

$$\frac{\partial^2 E}{\partial V\,\partial T} = \frac{\partial^2 E}{\partial T\,\partial V} \tag{4.9}$$

gerade

$$T\left(\frac{\partial p}{\partial T}\right)_V = \left(\frac{\partial E}{\partial V}\right)_T + p \tag{4.10}$$

oder

$$\left(\frac{\partial E}{\partial V}\right)_T = T^2\left(\frac{\partial}{\partial T}\frac{p}{T}\right)_V \tag{4.11}$$

folgt. Dies ist eine ganz fundamentale Forderung an die Energie E eines Systems. Für ein ideales Gas z. B. folgt gemäß (1.40b) bei Einsetzen in (4.11)

$$\left(\frac{\partial E}{\partial V}\right)_T = 0. \tag{4.12}$$

Das ist aber nichts anderes als das Ergebnis des GAY-LUSSAC-*Versuchs* (vgl. (2.24)).

Dieses analytische Vorgehen steht in engem Zusammenhang mit der *Methode der thermodynamischen Potentiale*, die von der GIBBSschen Gleichung (vgl. (4.3)) ausgeht und dann mit den thermodynamischen Potentialen rechnet, um Beziehungen zu finden und Prozesse zu analysieren.

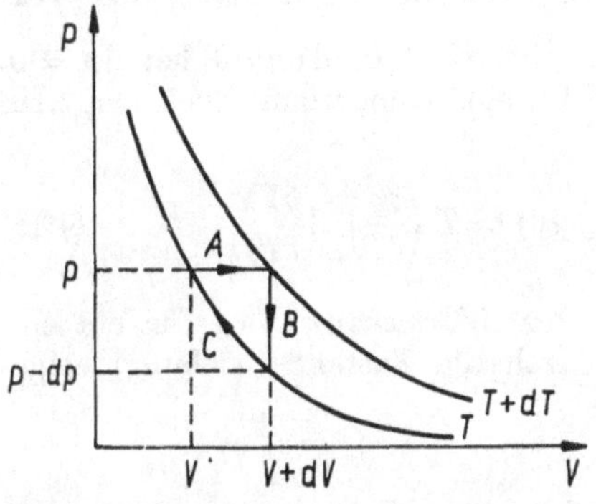

Abb. 15. Kreisprozeß zur Berechnung von $(c_p - c_V)$

Ein anderer, aber älterer Weg zur Gewinnung thermodynamischer Gesetzmäßigkeiten ist die *Methode der Kreisprozesse*. Sie soll jetzt benutzt werden, um die Differenz $(c_p - c_V)$ etwas allgemeiner als in (2.20) zu gewinnen. Wir führen im p, V-Diagramm den in Abb. 15 angegebenen Kreisprozeß durch, der aus den drei Wegstücken A, B, C besteht. A: Isobare Erwärmung, B: Isochore Abkühlung, C: Isotherme Kompression (zum Ausgangszustand zurück). Es gilt der 1.HS in der Form

$$\oint \mathrm{d}E = \mathrm{d}E_\mathrm{A} + \mathrm{d}E_\mathrm{B} + \mathrm{d}E_\mathrm{C} = (\text{đ}Q_p + \text{đ}A_p) + \text{đ}Q_V + \mathrm{d}E_\mathrm{C}(V, T) = mc_p\,\mathrm{d}T - p\,\mathrm{d}V + mc_V\,(-\mathrm{d}T) + \left(\frac{\partial E}{\partial V}\right)_T (-\mathrm{d}V) = 0. \tag{4.13}$$

Die letzten beiden negativen Vorzeichen entstehen durch Berücksichtigung von Abkühlung und Kompression. Aus (4.13) wird

$$m(c_p - c_V) = \left[\left(\frac{\partial E}{\partial V}\right)_T + p\right]\left(\frac{\partial V}{\partial T}\right)_p. \tag{4.14}$$

Der Term $\left(\frac{\partial V}{\partial T}\right)_p$ folgt aus der Betrachtung des Wegstückes A, für das gilt $\mathrm{d}V \neq 0$, $\mathrm{d}T \neq 0$ bei $\mathrm{d}p = 0$. Wir können nun (4.10) einsetzen, womit auch der 2.HS berücksichtigt ist:

$$m(c_p - c_V) = T\left(\frac{\partial p}{\partial T}\right)_V \left(\frac{\partial V}{\partial T}\right)_p, \tag{4.15}$$

d. h., die Differenz der *Wärmekapazitäten* für ein einfaches System ist durch die Zustandsgleichung festgelegt.

4.2. SEEBECK-Effekt

In 2.5 war aus Platzgründen verzichtet worden, die *Entropiebilanzgleichung* (2.139) abzuleiten. Außerdem wurden keine elektromagnetischen Effekte berücksichtigt. Für den Fall der thermoelektrischen Erscheinungen wird beides jetzt explizit vorgeführt. Bei den genannten Erscheinungen spielt der Ladungs- und Energietransport infolge von Temperaturgefälle und elektrischer Feldstärke als deren Ursachen eine entscheidende Rolle.

Die Wärmestromdichte werde mit $\boldsymbol{W}$ und die elektrische Stromdichte mit $\boldsymbol{J}$ bezeichnet (es werden nur Elektronen als Ladungsträger vorausgesetzt). Der *Energiesatz* lautet dann

$$\varrho \frac{\partial e}{\partial t} = -\operatorname{div} \boldsymbol{W} + \boldsymbol{J}\boldsymbol{E} - \varphi \operatorname{div} \boldsymbol{J}. \tag{4.16}$$

Die linke Seite gibt die zeitliche Änderung der Energiedichte wieder (ϱ = Massendichte der Elektronen, e = spezifische Energie). Der erste Term der rechten Seite bildet zusammen mit der linken Seite die *Kontinuitätsgleichung* (vgl. z. B. (3.92)) für die Wärme. Die weiteren Terme auf der rechten Seite sind elektrischer Natur. Der erste von beiden liefert die Joule*sche Wärme* eines elektrischen Stroms ($\boldsymbol{E}$ = elektrisches Feld), während der zweite die Speicherung potentieller Energie auf Grund von Aufladung gegen ein Potential φ darstellt ($\operatorname{div} \boldsymbol{J}$ gibt eine Ladung wieder). Man kann (4.16) als Bilanzgleichung der Energie für ein Volumenelement derart deuten, daß die beiden letzten Terme Quellgrößen darstellen (das negative Vorzeichen im letzten Term rührt von der negativen Elektronenladung her).

Die *Ladungsbilanz* sieht folgendermaßen aus:

$$F \frac{\partial c}{\partial t} = \operatorname{div} \boldsymbol{J}, \tag{4.17}$$

c = Mengendichte (Anzahl der Mole dividiert durch das Volumen), entspricht (1.8),
F = Faraday-Konstante = 96500 As mol^{-1}.

Aus (2.66) gewinnt man durch Übergang zu spezifischen Größen (s = spezifische Entropie) und bei Benutzung der Zeitableitungen statt der Differentiale

$$T \varrho \frac{\partial s}{\partial t} = \varrho \frac{\partial e}{\partial t} - (\bar{\mu} - \varphi \cdot F) \frac{\partial c}{\partial t}. \tag{4.18}$$

Formal erhält man den letzten Term durch Übergang vom chemischen Potential $\bar{\mu}$ zum elektrochemischen Potential (negatives Vorzeichen in der Klammer wegen negativer Elektronenladung) oder durch Beachtung von (1.65a). bei Tab. 4. Einsetzen von (4.16) und (4.17) in (4.18) liefert nach Umformung

$$\varrho \frac{\partial s}{\partial t} = -\operatorname{div} \frac{1}{T}\left(\boldsymbol{W} + \frac{\bar{\mu}}{T}\boldsymbol{J}\right) + \frac{1}{T}\boldsymbol{W}\left(-\frac{1}{T}\operatorname{grad} T\right) + \frac{1}{T}\boldsymbol{J}\left(\boldsymbol{E} + T\operatorname{grad}\frac{\bar{\mu}}{FT}\right). \tag{4.19}$$

Vergleich mit (2.139) für konstante Dichte ϱ zeigt, daß

$$p[S] = \frac{1}{T}\boldsymbol{W}\left(-\frac{1}{T}\operatorname{grad} T\right) + \frac{1}{T}\boldsymbol{J}\left(\boldsymbol{E} + T\operatorname{grad}\frac{\bar{\mu}}{FT}\right). \tag{4.20}$$

Gemäß dem linearen Ansatz (2.148) kann geschrieben werden:

$$\boldsymbol{W} = -L_{11}\frac{1}{T}\operatorname{grad} T + L_{12}\left(\boldsymbol{E} + T\operatorname{grad}\frac{\bar{\mu}}{FT}\right), \tag{4.21}$$

$$\boldsymbol{J} = -L_{21}\frac{1}{T}\operatorname{grad} T + L_{22}\left(\boldsymbol{E} + T\operatorname{grad}\frac{\bar{\mu}}{FT}\right). \tag{4.22}$$

Mit der Einführung neuer, in der Praxis üblicher Koeffizienten $\varkappa$, Π, α, σ läßt sich (4.21) und (4.22) nach $\boldsymbol{W}$ und $\boldsymbol{E}$ auflösen:

$$\boldsymbol{W} = -\varkappa\operatorname{grad} T - \Pi\boldsymbol{J}, \tag{4.23}$$

$$\boldsymbol{E} = \frac{1}{\sigma}\boldsymbol{J} - \alpha\operatorname{grad} T - \operatorname{grad}\frac{\bar{\mu}}{F}. \tag{4.24}$$

Die Bedeutung der Koeffizienten folgt leicht aus folgender Betrachtung. Wenn $\boldsymbol{J} = 0$, so folgt aus (4.23), daß $\varkappa$ die Wärmeleitfähigkeit ist. Ist grad $T = 0$ im homogenen

Leiter, so ergibt sich aus (4.24), daß σ die elektrische Leitfähigkeit ist (α heißt differentielle Thermokraft, Π heißt PELTIER-Koeffizient und interessiert hier nicht).

Wir besprechen nun den SEEBECK- oder *thermoelektrischen Effekt.* Aus (4.24) folgt bei $\boldsymbol{J} = 0$, daß auf Grund des Gradienten der Temperatur und des chemischen Potentials der Elektronen ein elektrisches Feld entsteht. Den Koeffizienten α bezeichnet man als differentielle Thermokraft. Das Linienintegral über die Feldstärke gibt das Potential wieder. Aus (4.24) folgt bei $\boldsymbol{J} = 0$ und Vernachlässigung des letzten Terms dann

$$\varphi_{T_2} - \varphi_{T_1} = \int_1^2 \alpha \, \mathrm{d}T, \tag{4.25}$$

wenn zwei unterschiedliche Leiter verschiedener Temperatur zu einem offenen Stromkreis zusammengesetzt sind. Wird der Stromkreis geschlossen, so entsteht für die Thermospannung

$$\begin{aligned} \int_1^2 \alpha_2 \, \mathrm{d}T + \int_2^1 \alpha_1 \, \mathrm{d}T &= \int_{T_1}^{T_2} (\alpha_2 - \alpha_1) \, \mathrm{d}T \\ &\approx (\alpha_2 - \alpha_1)\,(T_2 - T_1). \end{aligned} \tag{4.26}$$

Das heißt, in einem geschlossenen Stromkreis kann nur dann eine Thermospannung entstehen, wenn er aus verschiedenen Metallen besteht und die Temperaturen der Verbindungsstellen unterschiedlich sind. In (4.26) ist die Temperaturdifferenz als klein vorausgesetzt worden.

4.3. *Instabilität einer biochemischen Reaktion*

Das in 2.6. über Nichtlinearitäten Abgehandelte soll in diesem Kapitel auf die Dunkelreaktion der Photosynthese angewendet werden. Die folgenden Rechnungen gehen auf Vorstellungen von CHERMAVSKAYA und CHERNAVSKY (1960, 1966, 1967), und PRIGOGINE u. a. (1969) zurück.

Auf die näheren Einzelheiten des CALVIN-Zyklus der Photosynthese kann hier nicht eingegangen werden. Es sei lediglich das hier zugrundegelegte Gleichungssystem angegeben (Weglassung der Energieäquivalente in Form von ATP):

$$C_N + C_1 + C_5 \to 2C_3, \qquad (4.27\text{a})$$

$$2C_3 \to C_6, \qquad (4.27\text{b})$$

$$C_6 + C_3 \leftrightharpoons C_4 + C_5, \qquad (4.27\text{c})$$

$$C_4 + C_3 \leftrightharpoons C_7, \qquad (4.27\text{d})$$

$$C_7 + C_3 \leftrightharpoons 2C_5, \qquad (4.27\text{e})$$

$$\frac{\partial C_3}{\partial t} = \alpha_1 C_3{}^2 - \alpha_2 C_3 C_6 + \alpha_0 + D_3 \frac{\partial^2 C_3}{\partial r^2}, \qquad (4.28\text{a})$$

$$\frac{\partial C_6}{\partial t} = \beta_1 C_3{}^2 - \beta_2 C_6 - \beta_3 C_5 C_6 + D_6 \frac{\partial^2 C_6}{\partial r^2}. \qquad (4.28\text{b})$$

Es handelt sich um fünf Reaktionsgleichungen (zwei davon sind irreversibel aufgeschrieben) und zwei kinetische Gleichungen. C_N, C_1, C_3, C_4, C_5, C_6, C_7 stehen für NADPH, CO_2, Triose, Tetrose, Ribulose, Hexose – und Heptulosephosphat, α_1, α_2, α_0, β_1, β_2, β_3 sind kinetische Konstanten, während D_3 und D_6 die Diffusionskonstanten für Triose und Hexosephosphat sind. Hier soll lediglich das thermodynamische Geschehen der Konzentrationsänderungen von C_3 und C_6 unter Berücksichtigung der Diffusion und im Hinblick auf dissipative Strukturen interessieren. Es genügen deshalb zwei kinetische Gleichungen zur Behandlung des räumlich „eindimensional“ (Koordinate r) formulierten Problems.

Zunächst wird die *Exzeßentropieproduktion* gemäß (2.167) aufgeschrieben. (Zu der auftretenden Volumenintegration vgl. man (2.165).) Aus (2.139) wird nur der Term für den Massenfluß und der für chemische Reaktionen berücksichtigt. Statt w_r für die Reaktionsrate wird das oft benutzte Symbol ξ_r verwendet. Es gilt dann

$$P[\delta S] = \int \left\{ \sum_r \frac{\delta A_r \cdot \delta \xi_r}{T} + \sum_k \left(\delta j_k \cdot \delta \operatorname{grad} \frac{\mu_k}{T} \right) \right\} \mathrm{d}V. \tag{4.29}$$

Es genügt die Untersuchung des Integranden. Der Index r zählt die Reaktionen, der Index k die Komponenten. Werden nach Voraussetzung nur die ersten beiden irreversiblen Reaktionen berücksichtigt, so folgt mit den Ansätzen für ξ_r und die Affinität A_r (vgl. Lehrbücher über chemische Thermodynamik und Kinetik, entsprechende Konstanten werden 1 gesetzt)

$$\xi_1 = C_\mathrm{N} C_1 C_5, \tag{4.30a}$$

$$A_1 = \log \frac{C_\mathrm{N} C_1 C_5}{C_3{}^2}, \tag{4.30b}$$

$$\xi_2 = C_3{}^2, \tag{4.31a}$$

$$A_2 = \log \frac{C_3{}^2}{C_6}, \tag{4.31b}$$

für deren „Differentiale“

$$\delta \xi_1 = 0, \tag{4.32a}$$

$$\delta A_1 = \frac{C_3{}^2}{C_\mathrm{N} C_1 C_5} \left(- \frac{C_\mathrm{N} C_1 C_5}{C_3{}^2} \right) \delta C_3 = - \frac{\delta C_3}{C_3}, \tag{4.32b}$$

$$\delta \xi_3 = 2 C_3 \, \delta C_3, \tag{4.33a}$$

$$\delta A_2 = \frac{C_6}{C_3{}^2} \left(\frac{2 C_3}{C_6} \, \delta C_3 - \frac{C_3{}^2}{C_6{}^2} \, \delta C_6 \right) = \frac{2}{C_3} \, \delta C_3 - \frac{1}{C_6} \, \delta C_6. \tag{4.33b}$$

Andererseits ergeben sich mit den Ansätzen für den *Diffusionsstrom* (*Massenstromdichte*) j_k und das *chemische Potential* μ_k bzgl. der beiden Komponenten Triose- und

Hexosephosphat

$$j_3 = -D_3 \frac{\partial C_3}{\partial r}, \tag{4.34a}$$

$$\mu_3 = \mu_{03} + \bar{r}T \log C_3, \tag{4.34b}$$

$$j_6 = -D_6 \frac{\partial C_6}{\partial r}, \tag{4.35a}$$

$$\mu_6 = \mu_{06} + \bar{r}T \log C_6 \tag{4.35b}$$

(dabei wurde Linearität zwischen Massenstromdichte und Konzentrationsgradient gemäß (2.148) angesetzt und (2.104) berücksichtigt) folgende „Differentiale“ (D ist der Diffusionskoeffizient):

$$\delta j_3 = -\frac{i}{\lambda} D_3 \, \delta C_3, \tag{4.36a}$$

$$\delta \operatorname{grad} \frac{\mu_3}{T} = \bar{r} \frac{i}{\lambda} \frac{\delta C_3}{C_3}, \tag{4.36b}$$

$$\delta j_6 = -\frac{i}{\lambda} D_6 \, \delta C_6, \tag{4.37a}$$

$$\delta \operatorname{grad} \frac{\mu_6}{T} = \bar{r} \frac{i}{\lambda} \frac{\delta C_6}{C_6}. \tag{4.37b}$$

Es wurde dabei räumliche und zeitliche Isothermie (T = konstant) und außerdem für C_3 bzw. C_6 eine Summe aus *stationärer Lösung* C_{30} bzw. C_{60} und *Störung* δC_3 bzw. δC_6 wie folgt angesetzt:

$$C_3 = C_{30} + \delta C_3 = C_{30} + c_3 \exp\left(\omega t + i \frac{r}{\lambda}\right), \tag{4.38a}$$

$$C_6 = C_{60} + \delta C_6 = C_{60} + c_6 \exp\left(\omega t + i \frac{r}{\lambda}.\right) \tag{4.38b}$$

Für den Integranden von (4.29) ergibt sich durch Produktbildung der berechneten Terme

$$\frac{\delta A_1\,\delta\xi_1}{T}+\frac{\delta A_2\,\xi_2}{T}+\delta j_3\,\delta\,\frac{\partial}{\partial r}\frac{\mu_3}{T}+\delta j_6\,\delta\,\frac{\partial}{\partial r}\frac{\mu_6}{T}$$
$$=0+2C_{30}\,\delta C_3\left(\frac{2}{C_{30}}\,\delta C_3-\frac{1}{C_{60}}\,\delta C_6\right)$$
$$-\frac{i}{\lambda}\,D_3\,\delta C_3\cdot\bar r\,\frac{i}{\lambda}\,\frac{\delta C_3}{C_{30}}-\frac{i}{\lambda}\,D_6\,\delta C_6\bar r\,\frac{i}{\lambda}\,\frac{\delta C_6}{C_{60}}$$
$$=4(\delta C_3)^2-\frac{2C_{30}}{C_{60}}\,\delta C_3\,\delta C_6+\frac{D_3\bar r}{\lambda^2 C_{30}}\,\delta C_3$$
$$+\frac{D_6\bar r}{\lambda^2 C_{60}}\,\delta C_6. \tag{4.39}$$

Wegen des zweiten Terms kann der Integrand negativ werden, so daß infolge der *autokatalytischen* Natur des *Photosyntheseprozesses Instabilitäten* der in 2.6. genannten Art auftreten können.

Wird in die beiden kinetischen Gleichungen (4.28a) und (4.28b) nach CHERNAVSKY

$$\alpha_2=\alpha_1+\alpha_0, \tag{4.40a}$$

$$\beta_2=\frac{1}{7}\,\beta_1, \tag{4.40b}$$

$$\beta_3=\frac{6}{7}\,\beta_1 \tag{4.40c}$$

eingeführt, so entsteht

$$\frac{\partial C_3}{\partial t}=\alpha_1 C_3{}^2-\alpha_1 C_3 C_6-\alpha_0 C_3 C_6+\alpha_0+D_3\,\frac{\partial^2 C_3}{\partial r^2}, \tag{4.41a}$$

$$\frac{\partial C_6}{\partial t}=\beta_1 C_3{}^2-\frac{1}{7}\,\beta_1 C_6{}^2-\frac{6}{7}\,\beta_1 C_3 C_6+D_6\,\frac{\partial^2 C_6}{\partial r^2}. \tag{4.41b}$$

Die *stationären Lösungen* C_{30} und C_{60} ergeben sich damit aus

$$\alpha_1 C_{30}^2 - \alpha_1 C_{30} C_{60} - \alpha_0 C_{30} C_{60} + \alpha_0 = 0, \tag{4.42a}$$

$$\beta_1 C_{30}^2 - \frac{1}{7}\beta_1 C_{60}^2 - \frac{6}{7}\beta_1 C_{30} C_{60} = 0. \tag{4.42b}$$

Die Rechnung liefert

$$C_{30} = C_{60} = 1. \tag{4.43}$$

Wird (4.43) in (4.38a) bzw. (4.38b) eingesetzt und diese wiederum in (4.28a), bzw. (4.28b), so wird

$$\omega\,\delta C_3 = \alpha_1(1 + \delta C_3)^2 - \alpha_1(1 + \delta C_3)(1 + \delta C_4) - \alpha_0(1 + \delta C_3)(1 + \delta C_6) + \alpha_0 - \frac{D_3}{\lambda^2}\,\delta C_3, \tag{4.44a}$$

$$\omega\,\delta C_6 = \beta_1(1 + \delta C_3)^2 - \frac{1}{7}\beta_1(1 + \delta C_6)^2 - \frac{6}{7}\beta_1(1 + \delta C_3)(1 + \delta C_6) - \frac{D_6}{\lambda^2}\,\delta C_6. \tag{4.44b}$$

Unter Vernachlässigung der Störglieder höherer Ordnung entsteht daraus

$$\omega\,\delta C_3 = \alpha_1 + 2\alpha_1\,\delta C_3 - \alpha_1 - \alpha_1\,\delta C_3 - \alpha_1\,\delta C_6 - \alpha_0 - \alpha_0\,\delta C_3 - \alpha_0\,\delta C_6 + \alpha_0 - \frac{D_3}{\lambda_2}\,\delta C_3, \tag{4.45a}$$

$$\omega\,\delta C_6 = \beta_1 + 2\beta_1\,\delta C_3 - \frac{1}{7}\beta_1 - \frac{2}{7}\beta_1\,\delta C_6 - \frac{6}{7}\beta_1 - \frac{6}{7}\beta_1\,\delta C_3 - \frac{6}{7}\beta_1\,\delta C_6 - \frac{D_6}{\lambda_6}\,\delta C_6. \tag{4.45b}$$

Dies wird in ein Gleichungssystem mit den beiden Unbekannten δC_3 und δC_6 umgeschrieben:

$$\left(\omega - \alpha_1 - \alpha_0 + \frac{D_3}{\lambda^2}\right) \delta C_3 + (\alpha_1 + \alpha_0)\, \delta C_6 = 0, \qquad (4.46\text{a})$$

$$-\frac{8}{7}\beta_1\, \delta C_3 + \left(\omega + \frac{8}{7}\beta_1 + \frac{D_6}{\lambda^2}\right) \delta C_6 = 0. \qquad (4.46\text{b})$$

Das homogene Gleichungssystem ist lösbar, wenn die Koeffizientendeterminante verschwindet:

$$\left(\omega - \alpha_1 - \alpha_0 + \frac{D_3}{\lambda^2}\right)\left(\omega + \frac{8}{7}\beta_1 + \frac{D_6}{\lambda^2}\right) + (\alpha_1 + \alpha_0)\,\frac{8}{7}\beta_1 = 0. \qquad (4.47)$$

Die entstehende *Dispersionsrelation* ist eine quadratische Gleichung für ω:

$$\omega^2 + \left(\alpha_0 - \alpha_1 + \frac{8}{7}\beta_1 + \frac{D_3}{\lambda^2} + \frac{D_6}{\lambda^2}\right)\omega + \frac{D_3 D_6}{\lambda^4} + \frac{8}{7}\beta_1\frac{D_3}{\lambda^2} - \alpha_1\frac{D_6}{\lambda^2} + \alpha_0\frac{D_6}{\lambda^2} + \frac{16}{7}\alpha_0\beta_1 = 0. \qquad (4.48)$$

Sobald ω positiv wird, klingen die Störungen in (4.38a, b) nicht ab. Demzufolge ist $\omega = 0$ ein kritischer Wert für die Kreisfrequenz. Er wird z. B. angenommen, wenn das absolute Glied in (4.48) verschwindet, also für

$$\alpha_1 = \frac{8}{7}\beta_1\frac{\lambda^2}{D_6}\left(\frac{D_3}{\lambda^2} + 2\alpha_0\right) + \left(\frac{D_3}{\lambda^2} + \alpha_0\right). \qquad (4.49)$$

Der Vorzeichenwechsel der Differenz von linker und rechter Seite in (4.49) ist für den kritischen Punkt $\omega = 0$ verantwortlich und geschieht beim Durchlaufen des Extremwertes der Funktion $\alpha_1 = \alpha_1(\lambda)$. Nullsetzen der ersten Ableitung liefert für die kritische Wellenlänge λ_{kr}

$$\lambda_{\text{kr}}^2 = \frac{1}{4}\left(\frac{7P_3D_6}{\beta_1\alpha_0}\right)^{\frac{1}{2}}, \qquad (4.50)$$

und Einsetzen in (4.49) ergibt

$$\alpha_{1kr} = \frac{8}{7}\beta_1 \frac{D_3}{D_6} + 8\left(\frac{\beta_1\alpha_0}{7}\frac{D_3}{D_6}\right)^{\frac{1}{2}} + \alpha_0, \qquad (4.51)$$

den *kritischen* α_1-*Wert* für das Auftreten *dissipativer Strukturen.*

4.4. *Absolutwert thermodynamischer Kenngrößen*

In den vorangehenden drei Kapiteln wurde gezeigt, daß die Thermodynamik nur Beziehungen zwischen Größen liefert. Erst die Statistik vermag diese Größen prinzipiell zu berechnen. Im folgenden werden keine grundlegenden Rechnungen vorgeführt, sondern lediglich einfache statistische Betrachtungen sollen einige thermodynamische Kenngrößen plausibel machen.

Die thermische Energie für einen Freiheitsgrad ist $\frac{1}{2}kT$. In einem idealen Gas von N Partikeln hat jedes Teilchen drei Freiheitsgrade (drei Geschwindigkeitskomponenten), so daß

$$E = \frac{2}{3} NkT. \qquad (4.52)$$

Das läßt sich auch exakt aus (3.45) gewinnen, wenn (3.44) für das ideale Gas aufgeschrieben wird. Damit erhält man aus (2.27) für die spezifische Wärme des idealen Gases bei konstanten Volumen

$$mc_V = \frac{3}{2} Nk, \qquad (4.53)$$

womit c_V auf mikrophysikalische Größen zurückgeführt ist.

Dieses Beispiel der Gleichgewichtsthermodynamik soll noch durch die statistische Motivierung zweier Kenngrößen irreversibler Prozesse ergänzt werden. Für die

Wärmeleitfähigkeit λ bzw. die Viskosität η eines idealen einatomigen Gases gelten im molekularen Bilde folgende Beziehungen:

$$\lambda = \frac{1}{2} \varrho_N k l \bar{v}, \tag{4.54}$$

$$\eta = \frac{1}{3} \varrho_N m_0 l \bar{v}. \tag{4.55}$$

Die Ableitung läßt sich über die Berechnung der Diffusion mittels des EINSTEIN*schen Verschiebungsquadrates* vornehmen, soll aber hier unterbleiben. Die auftretenden mikrophysikalischen Größen sind: ϱ_N = Teilchenzahldichte (Teilchen pro Volumen), k = BOLTZMANN-Konstante; l = mittlere freie Weglänge, $\bar{v}$ = mittlere Geschwindigkeit und m_0 = Masse der Teilchen. Die mittlere Geschwindigkeit ergibt sich aus der MAXWELL-Verteilung (3.88) und beträgt für Wasserstoff als Quadratwurzel aus dem mittleren Geschwindigkeitsquadrat 1850 m/s (273 K und 101325 Pa). Die mittlere freie Weglänge ist die Strecke, die ein Teilchen im Mittel zwischen zwei Zusammenstößen mit anderen Teilchen zurücklegt. Um einen Eindruck von der Größenordnung zu geben, sei genannt: Nach 10^6 Zusammenstößen hat ein H_2-Molekül erst einen Weg von wenigen Zentimetern zurückgelegt. Die experimentelle Überprüfung von (4.54) und (4.55) wird meist an dem Quotienten λ/η vorgenommen und liefert für verschiedene Gase recht brauchbare Werte (vgl. KITTEL, S. 247).

5. Anhang

Einige Probleme, die in dem vorherigen Rahmen keinen Platz an geeigneter Stelle finden konnten, sollen im folgenden noch kurz abgehandelt werden.

5.1. *Netzwerkthermodynamik*

Die folgenden Ausführungen gründen sich auf OSTER u. a. (1971). Es wird per definitionem mit reversiblen(!) und irreversiblen *Kräften* und *Flüssen* X_i und J_i gerechnet (vgl. 2.5.). Außerdem werden noch deren Integrale benötigt:

$$Q_i(t) \equiv Q_{i0} + \int_0^t J_i \, \mathrm{d}t' , \tag{5.1}$$

$$P_i(t) \equiv P_{i0} + \int_0^t X_i \, \mathrm{d}t' . \tag{5.2}$$

Es handelt sich um verallgemeinerte *Verschiebungen* und *Momente*. Die Flüsse und Kräfte seien so definiert, daß ihr Produkt die Maßeinheit einer Leistung besitzt (vgl. RAYLEIGHsche Dissipationsfunktion (2.145)). Von grundlegender Bedeutung ist, daß die eingeführten vier Zustandsvariablen J_i, X_i, Q_i, P_i einem Teilsystem i des betrachteten thermodynamischen Systems zugeordnet werden. Wir gehen also von der kontinuierlichen Beschreibung mittels partieller Differentialgleichungen (jeder Fluß und jede Kraft war orts- und zeitabhängig) ab und machen das System diskret. Die gesamte Leistung N ergibt sich als

$$N = \sum_{i=1}^{M} J_i X_i , \tag{5.3}$$

wenn gerade M Subsysteme vorhanden sind. Fassen wir die Größen aller Subsysteme i zu einem entsprechenden Vektor (Zustandsvektor) zusammen (keinesfalls verwechseln mit der Tatsache, daß z. B. ein einzelner Fluß ein Vektor sein kann), also $\boldsymbol{J}$, $\boldsymbol{X}$, $\boldsymbol{Q}$, $\boldsymbol{P}$, so kann die in der Zeit von 0 bis t umgesetzte Energie auf drei Weisen gebildet werden (eine Verwechslung mit der inneren

Energie E ist ausgeschlossen):

$$E_C(t) = \int_0^t \boldsymbol{XJ}\,\mathrm{d}t = \int_{Q_0}^{Q(t)} \boldsymbol{X}\,\mathrm{d}\boldsymbol{Q}, \tag{5.4}$$

$$E_L(t) = \int_0^t \boldsymbol{JX}\,\mathrm{d}t = \int_{P_0}^{P(t)} \boldsymbol{J}\,\mathrm{d}\boldsymbol{P}, \tag{5.5}$$

$$E_R(t) = \int_0^t \boldsymbol{JX}\,\mathrm{d}t. \tag{5.6}$$

Die Indizes weisen auf *Energiespeicherung* (Kondensator C, Induktivität L) und *Energiedissipation* (Widerstand R) im elektrischen Analogon hin. Die Integrationen können nur ausgeführt werden, wenn drei Beziehungen der Form

$$\boldsymbol{Q} = f_C(\boldsymbol{X}), \tag{5.7}$$

$$\boldsymbol{P} = f_L(\boldsymbol{J}), \tag{5.8}$$

$$\boldsymbol{X} = f_R(\boldsymbol{J}) \tag{5.9}$$

bestehen. Durch die Gleichungen

$$\frac{\mathrm{d}\boldsymbol{Q}}{\mathrm{d}t} = \frac{\mathrm{d}f_C}{\mathrm{d}\boldsymbol{X}} \cdot \frac{\mathrm{d}\boldsymbol{X}}{\mathrm{d}t}, \tag{5.10}$$

$$\frac{\mathrm{d}\boldsymbol{P}}{\mathrm{d}t} = \frac{\mathrm{d}f_L}{\mathrm{d}\boldsymbol{J}} \cdot \frac{\mathrm{d}\boldsymbol{J}}{\mathrm{d}t}, \tag{5.11}$$

$$\frac{\mathrm{d}\boldsymbol{X}}{\mathrm{d}t} = \frac{\mathrm{d}f_R}{\mathrm{d}\boldsymbol{J}} \cdot \frac{\mathrm{d}\boldsymbol{J}}{\mathrm{d}t} \tag{5.12}$$

sind differentielle Kapazität C, Induktivität L und Widerstand R in verallgemeinerter Form definiert:

$$C = \frac{\mathrm{d}f_C}{\mathrm{d}\boldsymbol{X}}, \tag{5.13}$$

$$L = \frac{\mathrm{d}f_L}{\mathrm{d}\boldsymbol{J}}, \tag{5.14}$$

$$R = \frac{\mathrm{d}f_R}{\mathrm{d}\boldsymbol{J}}. \tag{5.15}$$

Es ist zu beachten, daß bisher ganz allgemeine, also nichtlineare Beziehungen angesetzt worden sind.

Faßt man die Subsysteme als energetisch gekoppelte Elemente auf, so haben wir bis jetzt drei *Einkanalelemente* (in der Elektrizitätslehre Zweipole) kennengelernt: C, L, R. Dabei sind C, L reversible Elemente und R ist irreversibel. Die erwähnte Kopplung geschieht über noch zu definierende 0- oder 1-Knoten, die ideal in dem Sinne sind, daß sie Energie weder speichern noch dissipieren. Sie stellen lediglich die Verbindung zwischen den Kanälen der energieverarbeitenden Systeme C, L, R dar. In den Knoten gilt also

$$\sum_i X_i J_i = 0, \tag{5.16}$$

wobei die Summe über alle Kanäle (m Stück!), die in dem Knoten zusammenlaufen, gebildet wird. Es gilt für einen *Parallel-* oder *0-Knoten* in Analogie zu elektrischen Stromkreisen, per definitionem

$$X_1 = X_2 = \cdots = X_m, \tag{5.17}$$

und demzufolge

$$\sum_{i=1}^{m} J_i = 0. \tag{5.18}$$

Für einen *Reihen-* oder *1-Knoten* wird dagegen definiert

$$J_1 = J_2 = \cdots = J_m, \tag{5.19}$$

und demzufolge

$$\sum_{i=1}^{m} X_i = 0. \tag{5.20}$$

Damit möglichst viele Probleme mit Hilfe der Netzwerkthermodynamik behandelt werden können, brauchen wir noch ein Zweikanalelement (im elektrischen Analogon ein Vierpol). Dieses Element wird als Transduktor T bezeichnet. Er kann weder Energie speichern noch dissipieren und ist definiert durch

$$\begin{pmatrix} X_2 \\ J_2 \end{pmatrix} = \begin{pmatrix} z & 0 \\ 0 & -\frac{1}{z} \end{pmatrix} \begin{pmatrix} X_1 \\ J_1 \end{pmatrix}. \tag{5.21}$$

Die Größe z heißt Übertragungszahl des Transduktors. Es ergibt sich

$$X_2 = zX_1, \tag{5.22}$$

$$J_2 = -\frac{1}{z} J_1, \tag{5.23}$$

so daß weiter folgt

$$X_1J_1 + X_2J_2 = 0. \tag{5.24}$$

Womit sich zeigt, daß durch den Transduktor eine „Energieform" verlustlos in die andere transformiert wird.

Die vier definierten Elemente C, L, R, T (sie sind durch Kanäle charakterisiert; zu jedem Kanal gehört ein X_i und ein J_i) können nun mittels der angegebenen 0- bzw. 1-Knoten zu einem *thermodynamischen Netzwerk* oder *Graphen* verbunden werden.

Ein Beispiel soll das verdeutlichen und außerdem zeigen, wie aus der Topologie des Graphen, der aus der Analyse des thermodynamischen Systems hervorgeht, die analytische Struktur adäquater Gleichungen gewonnen wird. Anschließend ergibt eine Rechnung die den thermodynamischen Vorgang beschreibende gewöhnliche Differentialgleichung.

Es wird die *Diffusion* durch eine *Membran* betrachtet. Das zugrundegelegte Modell ist sehr simpel (vgl. Abb. 16). Rechts und links der Membran werden verschiedene konstante und zeitunabhängige Konzentrationen angenommen. Die Kanten des Graphen sind der Reihe nach durchnumeriert. Zu jeder gehört ein Wertepaar X_i, J_i

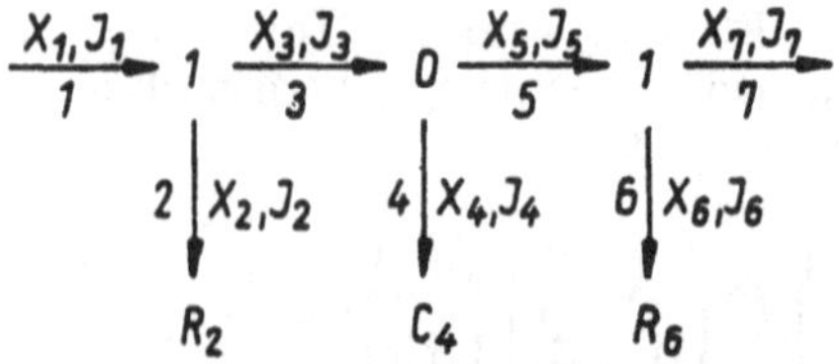

Abb. 16. Thermodynamisches Netzwerk für das Membranproblem

der chemischen Potentiale bzw. Flüsse der diffundierenden Komponente. Gemäß den obigen allgemeinen Ausführungen gilt in diesem Spezialfall

$$J_1 = J_2 = J_3, \tag{5.25}$$

$$X_2 = X_1 - X_3, \tag{5.26}$$

$$J_4 = J_3 - J_5, \tag{5.27}$$

$$X_1 = X_4 = X_5, \tag{5.28}$$

$$J_5 = J_6 = J_7, \tag{5.29}$$

$$X_6 = X_5 - X_7. \tag{5.30}$$

Entsprechend den elektrischen Analoga (Linearität!) gilt weiterhin

$$J_4 = C_4 \frac{\mathrm{d}}{\mathrm{d}t} X_4, \tag{5.31}$$

$$J_2 = \frac{X_2}{R_2}, \tag{5.32}$$

$$J_6 = \frac{X_6}{R_6}. \tag{5.33}$$

Wegen

$$J_4 = J_3 - J_5 = J_2 - J_6 \tag{5.34}$$

wird

$$C_4 \frac{\mathrm{d}}{\mathrm{d}t} X_4 = \frac{X_2}{R_2} - \frac{X_6}{R_6}. \tag{5.35}$$

Für eine homogene Membran gilt auf Grund der Gleichwertigkeit von linker und rechter Grenzschicht $R_2 = R_6$. Es ist also $R_M = R_2$ der Membranwiderstand und $C_M = C_4$ die Membrankapazität. Damit wird

$$\frac{d}{dt} X_4 = \frac{1}{C_M R_M} ((X_1 - X_3) - (X_5 - X_7)). \quad (5.36)$$

Bezeichnet

$$\overline{X} = \frac{X_1 + X_2}{2} \quad (5.37)$$

das mittlere chemische Potential der fraglichen Komponente im Medium links und rechts der Membran und

$$X_M = X_3 = X_4 = X_5 \quad (5.38)$$

das chemische Potential innerhalb der Membran, so entsteht

$$\frac{dX_M}{dt} = \frac{2}{C_M R_M} (\overline{X} - X_M), \quad (5.39)$$

die Differentialgleichung, die den instationären Diffusionsvorgang beschreibt. Eine Integration führt auf eine e-Funktion mit $\frac{R_M C_M}{2}$ als Zeitkonstante. R_M läßt sich durch Messung im Fließgleichgewicht bestimmen, während C_M im Gleichgewicht erhalten wird. Damit ist aber das dynamische Verhalten dieses Systems im Rahmen der Netzwerkthermodynamik vollständig bestimmt.

5.2. Relativistische Thermodynamik

Einige wenige Bemerkungen mögen zum Verhalten der wichtigsten thermodynamischen Größen im bewegten Bezugssystem hier stehen. Die LORENTZ-Transformation und einige andere Gleichungen der speziellen *Relativitätstheorie* werden als bekannt vorausgesetzt.

Es wird der Wärmeübergang zwischen zwei Körpern K_1 und K_2 untersucht. Für einen ruhenden Körper ist die Gesamtenergie gleich der Ruheenergie:

$$E = E_0 = m_0 c^2$$

mit m_0 als der Ruhemasse und c als der Lichtgeschwindigkeit. Die Änderung der Gesamtenergie unter der Wirkung äußerer Kräfte setzt sich aus der entsprechenden Arbeit $đA$ und einem Zusatzterm zusammen, der die Änderung der Ruhemasse im mit v bewegten Bezugssystem berücksichtigt:

$$\mathrm{d}E = đA + c\sqrt{c^2 - v^2}\,\mathrm{dm}_0. \tag{5.40}$$

Im ruhenden Koordinatensystem entspricht dem Wärmeübergang Q_0 von K_1 auf K_2 gerade eine Änderung der Ruheenergie ΔE_0 und damit eine Änderung der Ruhemasse Δ_{m_0} von K_2, d. h.

$$Q_0 = \Delta E_0 = \Delta_{m_0} c^2. \tag{5.41}$$

Im bewegten Koordinatensystem ist für einen Wärmeübergang $đQ$, wie hier nicht näher ausgeführt wird, eine Kraft erforderlich, deren Arbeit in $đA$ enthalten ist. Wird nun der 1.HS mit dem obigen Ausdruck $đE$ verglichen, so ergibt sich

$$đQ = c\sqrt{c^2 - v^2}\,\mathrm{dm}_0 \tag{5.42}$$

oder integriert

$$Q = c\sqrt{c^2 - v^2}\,\Delta_{m_0}. \tag{5.43}$$

Für das Verhältnis der beiden Wärmen im bewegten und ruhenden Bezugssystem wird

$$\frac{Q}{Q_0} = \frac{c\sqrt{c^2 - v^2}}{c^2} = \sqrt{1 - \frac{v^2}{c^2}}, \tag{5.44}$$

d. h., ein im mit v bewegten Bezugssystem messender

Beobachter findet eine kleinere Wärmemenge, die auf den Körper K_2 übergegangen ist.

Was ergibt sich bei einer Messung der Entropie im bewegten Bezugssystem? In Teil 3 hatten wir gefunden, daß die Entropie dem Logarithmus der thermodynamischen Wahrscheinlichkeit proportional ist. Diese wiederum nimmt nur ganze Zahlen als Werte an. Eine infinitesimale LORENTZ-Transformation (unendlich kleine Geschwindigkeit v) kann also den Wert der ganzen Zahl nicht ändern. Eine endliche LORENTZ-Transformation ergibt sich aber als Zusammensetzung von infinitesimalen Transformationen, so daß auch für jene das gleiche gilt: Die Entropie ist eine Invariante der speziellen Relativitätstheorie, d. h.

$$\Delta S = \Delta S_0, \tag{5.45}$$

wenn ΔS im bewegten und ΔS_0 im ruhenden Bezugssystem gemessen wird.

Für die Temperatur ergibt sich dann bei Betrachtung des obigen Wärmeübergangs auf den Körper K_2

$$\Delta S = \frac{Q}{T} = \Delta S_0 = \frac{Q_0}{T_0}, \tag{5.46}$$

also

$$T = T_0 \sqrt{1 - \frac{v^2}{c^2}}. \tag{5.47}$$

Das heißt im bewegten Bezugssystem werden kleinere Temperaturen als im ruhenden Koordinatensystem gemessen. Der Wirkungsgrad einer CARNOT-Maschine

$$\eta_C = \frac{T_2 - T_1}{T_2} \tag{5.48}$$

ist demzufolge eine Invariante der speziellen Relativitätstheorie. Die Problematik der speziellen Relativitätstheorie (vgl. zu den Einzelheiten PAPAPETROU, 1957) kann noch nicht als abgeschlossen betrachtet werden (vgl. LANDSBERG, JOHNS, 1972).

5.3. *Hydrothermodynamik*

Es ist ganz unmöglich, im Rahmen dieses Buches auf die Thermodynamik der festen und flüssigen Stoffe einzugehen. Wir wollen uns hier mit einem einzigen, aber um so interessanteren Beispiel begnügen, das die Herausbildung dissipativer Strukturen (vgl. 2.6.) bei freier Konvektion in einer dünnen Flüssigkeitsschicht betrifft. Auf einer heißen Metallplatte befindet sich eine etwa

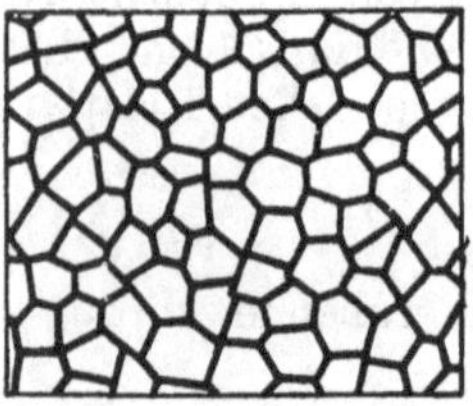

Abb. 17. Bénard-Zellen bei einer von unten erhitzten Flüssigkeitsschicht (die Zellen haben meist sechseckige Form)

3 mm dicke Flüssigkeitsschicht. Die Konvektion der Wärme zur über der Flüssigkeit befindlichen kühleren Luft geht in einem bienenwabenartigen Netz von Flüssigkeitszellen vor sich (vgl. Abb. 17). In jeder sogenannten Bénard-*Zelle* steigt innen die Flüssigkeit nach oben und am Rand nach unten. Wegen der aufwendigen Rechnungen zu diesem Problem sei auf Glansdorff und Prigogine (1971) verwiesen. Hier soll nur eine kurze Andeutung gegeben werden, die sich auf dicke Schichten (die als Zellularkonvektion bezeichnete dissipative Struktur wird durch Auftriebskräfte verursacht) mit freier Oberfläche (die Randbedingungen sind entscheidend bei dem Bénard-Problem) der Flüssigkeit bezieht. Man hat von den hydrodynamischen Grundgleichungen (Kontinuitätsgleichung und Bewegungsgleichung für das kompressible und viskose Medium) und der Wärmeleitungsgleichung auszugehen und diese für den Fall der ausgezeichneten senkrechten z-Achse umzuformen. Durch Exponentialansätze und Benutzung der Randbedin-

gungen für Temperatur und Strömungsgeschwindigkeit (in z-Richtung) erhält man einen kritischen Wert für die sogenannte RAYLEIGH-Zahl

$$Ra_{kr} = \frac{\alpha g \, d^3 \, \Delta T}{\nu \varkappa} \approx 1700$$

(α = thermischer Ausdehnungskoeffizient der Flüssigkeit, g = Erdbeschleunigung, d = Schichtdicke, ΔT = Temperaturdifferenz zwischen oberer und unterer Grenzfläche der Flüssigkeit, ν = kinematische Zähigkeit, $\varkappa$ = Wärmeleitfähigkeit der Flüssigkeit), bei dessen Überschreitung die Zellularkonvektion einsetzt, d. h. unterhalb eines gewissen Temperaturgradienten wirken Wärmeleitung und Zähigkeit der Konvektion entgegen. Es sei nur bemerkt, daß bei dünneren Flüssigkeitsschichten (< 1 mm) der sogenannte MARANGONI-Effekt (Ursache der Konvektion ist die Oberflächenspannung) wirksam wird. Die Zellularkonvektion findet sich in allen Bereichen der Naturwissenschaft wieder (vgl. KAHRIG, BESSERDICH, 1977; NULTSCH, HOFF, 1973), z. B. polygonale Steinanhäufungen, Wolkenstrukturen, Musterbildung bei Euglenen usw.

5.4. *Entropie und Information*

Da diese Problematik bei der Behandlung biologischer Probleme (Stoffwechselfließgleichgewichte, Vererbung und Evolution) eine bedeutende Rolle spielt, soll sie hier kurz gestreift werden. Eine etwas breitere Darstellung vom mathematisch-physikalischen bzw. biologischen Standpunkt findet sich bei ZIESCHE (1968) bzw. RIEDL (1973). Hier soll eine kurze Betrachtung stehen, die die SHANNONsche Formel für die Information I plausibel macht:

$$I = -D \sum_i w_i \operatorname{ld} w_i . \tag{5.49}$$

D soll eine Konstante sein, während w_i die Wahrscheinlichkeit für ein bestimmtes Ereignis darstellt. Die Summe stellt weiter nichts als die Mitteilung über die Teilinformation I_i der Ereignisse i dar, für die per definitionem

$$I_i = D \operatorname{ld} \frac{1}{w_i} = -D \operatorname{ld} w_i \tag{5.50}$$

gilt. Man verwendet in der Informationstheorie gern den Logarithmus dualis (ld = Logarithmus zur Basis 2). (5.50) berücksichtigt, daß die durch das Eintreffen eines Ereignisses gewonnene Information (beseitigte Ungewißheit) um so größer ist, je kleiner die Wahrscheinlichkeit w_i für dieses Ereignis ist. Es handelt sich bei I um ein mathematisches Konzept und bezüglich der Festlegung von D herrscht bis jetzt noch keine Einigkeit. Wird gesetzt

$$D = -k \ln 2\,, \tag{5.51}$$

so ergibt sich bei Vergleich von (5.49) und (3.70)

$$I = -S \quad \text{bzw.} \quad |I| = |S|\,. \tag{5.52}$$

Das läßt sich etwa so formulieren: Ordnung entspricht kleiner Wahrscheinlichkeit, entspricht kleiner Entropie, entspricht großer Information.

Es sei ganz nachdrücklich vor einer stereotypen Anwendung einer solchen „Gesetzmäßigkeit“ gewarnt. Zuerst muß in jedem Falle eine saubere Analyse des zu untersuchenden Systems erfolgen, bevor mit den Begriffen Information und Entropie im Zusammenhang argumentiert wird. (Eine ausführliche Diskussion der Information bzw. Informationsentropie (5.49), der statistischen Entropie (3.70) und der thermodynamischen Entropie (2.38) bzw. (2.66) in ihren Zusammenhang findet sich bei EBELING, 1976; SUBAREW, 1976: Das Problem ist als in allen Einzelheiten noch nicht restlos geklärt zu bezeichnen.)

Aus diesem Grunde mag hier noch ein Beispiel stehen. Ein kubischer Kristall hat bei $T = 0$ K genau die Eckpunkte der Elementarzelle mit Atomen besetzt. Aus dem makroskopischen Zustand folgt dieser mikroskopische Zustand mit größtmöglicher Information ganz eindeutig. Diesem Zustand kommt eine geringe Wahrscheinlichkeit und auch eine geringe Entropie zu, was offensichtlich gleichzeitig einen hohen Grad von Ordnung darstellt. Bei $T = 300$ K liegen die Dinge ganz anders. Die Atome führen Schwingungen in allen drei Raumrichtungen aus. Aus dem makroskopischen Zustand läßt sich auf die Lage der Atome nur mit großer Ungewißheit schließen. Es gilt: Große Wahrscheinlichkeit, große Entropie, kleine Information, Unordnung.

5.5. *Negative thermodynamische Temperaturen*

Mit ϑ bezeichnen wir wie in (2.1) irgendeine empirische Temperatur (z. B. auch die Gasthermometertemperatur). Aus (4.10) folgt dann (wir hatten dort zur Ableitung 1.HS und 2.HS verwendet, bei reversibler, d. h. quasistatischer Prozeßführung)

$$T \left(\frac{\partial p}{\partial \vartheta}\right)_V \frac{\mathrm{d}\vartheta}{\mathrm{d}T} = \left(\frac{\partial E}{\partial V}\right)_T + p \tag{5.53}$$

oder

$$\frac{\mathrm{d}T}{T} = \frac{\left(\frac{\partial p}{\partial \vartheta}\right)_V \mathrm{d}\vartheta}{\left(\frac{\partial E}{\partial V}\right)_T + p} \tag{5.54}$$

oder

$$T = T_0 e^J \quad \text{mit} \quad J = \int\limits_{\vartheta_0}^{\vartheta} \frac{\left(\frac{\partial p}{\partial \vartheta}\right)_V \mathrm{d}\vartheta}{\left(\frac{\partial E}{\partial V}\right)_T + p}. \tag{5.55}$$

Daraus erfolgt, daß sich das Vorzeichen von T beim reversiblen Übergang eines Systems von einem Zustand in den anderen nicht ändern kann.

Bisher wurden nur positive T-Werte angenommen, jedoch gilt (5.55) auch für negative T-Werte. Das NERNSTsche Theorem verbietet das ebenfalls nicht. Es wäre nur der Übergang zu negativen Temperaturen über den absoluten Nullpunkt verboten. Wir konstruieren also eine Temperaturskala wie folgt:

$$+0\,\mathrm{K}, \ldots, +300\,\mathrm{K}, \ldots, \pm\infty\,\mathrm{K}, \ldots, -500\,\mathrm{K}, \ldots, -0\,\mathrm{K}. \tag{5.56}$$

Die Differenz zwischen $+100$ K und -100 K ist demnach unendlich. Aus Platzgründen kann die Thermodynamik von Systemen mit negativer absoluter Temperatur nur angedeutet werden. In solchen Systemen gilt im klassischen Bereich nach wie vor das Verteilungsgesetz (3.88), welches hier als Ausdruck für die Besetzungswahrscheinlichkeit gedeutet und für den Fall $\zeta = 0$ betrachtet werden soll. Für die meisten Systeme kommen negative absolute Temperaturen deshalb nicht in Frage, weil wegen des nach oben nicht begrenzten Energiespektrums aus (3.88) bei $T < 0$ sofort eine unendliche Besetzungswahrscheinlichkeit folgen würde, wenn die Energie ($\varepsilon_k \to \infty$) gegen unendlich geht. Die Situation ist sofort anders, wenn das Energiespektrum beschränkt ist (die Teilchen des Systems können nicht beliebig große Energien besitzen), d. h. die Besetzungswahrscheinlichkeit endlich bleibt. Bei $T \to +0$ ist nur der unterste Zustand besetzt, während bei wachsender Temperatur ($T > 0$) das System auch höhere Energiezustände besetzt. Bei $T \to +\infty$ werden alle Zustände gleich besetzt sein, während, von $-\infty$ ausgehend, bei negativen absoluten Temperaturen immer mehr höhere Energiezustände stärker besetzt werden. Für $T \to -0$ ist schließlich nur noch der Zustand mit der höchsten Energie besetzt. Die innere Energie des Systems nimmt also bei Durchlaufen der Temperaturskala (5.56) ständig zu. Bei $T = \pm\infty$ liegt Gleichverteilung über alle Zustände vor, es besteht also kein Unterschied zwischen diesen beiden Temperaturen. Dagegen sind $T = +0$ und $T = -0$ zwei völlig verschiedene Temperaturen auf Grund des maximal möglichen Unterschieds in der inneren Energie. Die Entropie des Systems verschwindet andererseits bei $T = \pm 0$, weil sich alle Teilchen im untersten bzw. obersten Zustand befinden, dagegen nimmt sie auf Grund der Gleichverteilung bei $T = \pm\infty$ ihr Maximum an.

Bedingungen mit $T < 0$ lassen sich in Kernspinsystemen verwirklichen. Befinden sich Atomkerne mit Kernspin $\frac{1}{2}$ in einem Magnetfeld, so ist der Grundzustand besetzt, wenn alle magnetischen Momente parallel zum Feld ausgerichtet sind. Ein zweites (oberes) Energieniveau liegt durch Antiparallelstellung des Moments zum Feld vor. Wenn bei $T = +0$ allein der Grundzustand besetzt ist, so werden mit wachsendem T sich immer mehr Spins antiparallel zum Feld stellen, d. h. das obere Niveau besetzen. Bei $T = \pm\infty$ herrscht Gleichverteilung und bei $T = -0$ ist nur das obere Energieniveau besetzt (alle Momente antiparallel zum Feld). Durch schnelle Richtungsumkehr des Magnetfeldes ist es also möglich, eine solche Besetzungsinversion, d. h. Zustände mit $T < 0$ zu realisieren. Solche Systeme konnten auf Grund ihrer geringen Wechselwirkung mit anderen Einflußgrößen über Tage hinweg existieren (vgl. Kittel, 1973).

Literaturverzeichnis

Neben den im Text zitierten Arbeiten sind auch Hinweise für weiterführende Studien enthalten.

BROSTOW, W.: Between laws of thermodynamics and coding of information, Science 178 (1972), T 29—T 32

BASAROW, I. P.: Thermodynamik. VEB Verlag der Wissenschaften, Berlin 1972

EBELING, W.: Strukturbildung bei irreversiblen Prozessen, B. G. Teubner-Verl.ges., Leipzig 1976

EBELING, W., D. KREMP, H. PARTHEY, H. ULBRICHT: Reversiblität und Irreversibilität als physikalisches Problem in philosophischer Sicht. Wiss. Z. Univ. Rostock GSR 19 (1970)

EIGEN, M.: Selforganisation of matter and the evolution of biological macromolecules. Naturwissensch. 58 (1971) 465 bis 523

ELSNER, N.: Grundlagen der Technischen Thermodynamik. Akademie-Verlag, Berlin 1975

ERPENBECK, J.: Philosophische Bemerkungen in Kahrig und Beßerdich (siehe dort)

FLÜGGE, S.: Handbuch der Physik III/2 Prinzipien der Thermodynamik und Statistik. Springer-Verlag Berlin, Göttingen, Heidelberg 1959

FRENKEL, J. I.: Statistische Physik, Akademie-Verlag, Berlin 1957

GLANSDORFF, P., und I. PRIGOGINE: Thermodynamic theory of structure, stability and fluctuations. Wiley-Interscience (John Wiley u. Sons, Ltd.), London, New York, Sidney, Toronto 1971

KAHRIG, E., u. H. BESSERDICH: Dissipative Strukturen. VEB Georg Thieme Verl., Leipzig 1977

HUND, F.: Theoretische Physik, Bd. 3. B. G. Teubner-Verl.ges., Stuttgart 1956

KITTEL, C.: Physik der Wärme. R. Oldenburg/John Wiley, München, Wien, Frankfurt 1973

KLAUS, G., u. M. BUHR (Hrsg.): Philosophisches Wörterbuch. Leipzig 1974

KLINE, K. A., und C. N. DE SILVA: A nonlinear theory of thermoviscoelasticity for materials with memory. In M. F. KANNINEN u. a. „Inelastic behavior of solids." McGraw Hill Book Company, New York usw. 1970

KOPPE, H.: Die Grundlagen der statistischen Mechanik. S. Hirzel-Verlag, Leipzig 1949

LANDSBERG, P. T., und K. A. JOHNS: J. Phys. Lond. **A5** (10) (1972) 1433–1437

LANDAU, L. D., und E. M. LIFSCHITZ: Lehrbuch der theoretischen Physik, Bd. V. Statistische Physik, Akademie-Verlag, Berlin 1975

MACKE, W.: Thermodynamik und Statistik. Akademische Verlagsgesellschaft Geest und Portig K. G., Leipzig 1962

MAROIS, M.: Theoretical physics and biology. Amsterdam, London 1969

MAZUR, P.: On a statistical mechanical theory of Brownian motion. In J. MEIXNER „Statistical mechanics of equilibrium and non-equibrium", S. 69–80. North-Holland Publishing Company, Amsterdam 1965

MEIXNER, J.: Beziehungen zwischen Netzwerktheorie und Thermodynamik. Köln und Opladen 1968

METZ, W. D.: Energy conservation: Better living through thermodynamics. Science **188** (1975) 820–821

MILLER, D. G.: Thermodynamics of irreversible processes. The experimental verification of the ONSAGER reciprocal relations. Chemical Reviews **60** (1960) 15–37

MÜNSTER, A.: Chemische Thermodynamik. Akademie-Verlag, Berlin 1969

MÜNSTER, A.: Statistical thermodynamics, Vol. I. Springer-Verlag, Berlin, Heidelberg, New York, London 1969

NULTSCH, W., u. E. HOFF: Neuere Untersuchungen zur Musterbildung bei Euglenen. Arch. Protistenk. **115** (1973) 336–352

OBERDORFER, G.: Das internationale Maßsystem und die Kritik seines Aufbaus. VEB Fachbuchverlag, Leipzig 1969

OSTER, G., A. PERELSON, A. KATCHALSKY: Network thermodynamics. Nature **234** (1971) 393–399

PAECHT-HOROWITZ, M.: The Origin of Life. Angew. Chemie (internationale Ausgabe in englisch) **12** (1973) H. 5, 349–356

PAPAPETROU, A.: Spezielle Relativitätstheorie. VEB Deutscher Verlag der Wissenschaften, Berlin 1957

PRIGOGINE, I., R. LEFEVER, A. GOLDBETER, M. HERSCHKOWITZ-KAUFMAN: Symmetry breaking instabilities in biological systems. Nature **223** (1969) 913–916

RESIBOIS, P.: General theory of transport processes. In J. MEIXNER „Statistical mechanics of equilibrium and non-equilibrium", S. 158–176. North-Holland Publishing Company, Amsterdam 1965

RIEDL, R.: Energie, Information und Negentropie in der Biosphäre. Naturwissenschaftliche Rundschau **26** (1973) H. 10, 413–420

SOMMERFELD, A.: Thermodynamik und Statistik. Akademische Verlagsgesellschaft Geest und Portig K.-G., Leipzig 1962

SUBAREW, D. N.: Statistische Thermodynamik des Nichtgleichgewichts. Akademie-Verlag, Berlin 1976

THOMPSON, D. W.: Über Wachstum und Form. Basel, Stuttgart 1966

ZIESCHE, P.: About a new instruction of entropy in statistical mechanics due to MACKE. Sitzungsberichte vom Symposium über Informationstheorie, Budapest 1968 (Herausg.: A. RENYI)

ГЕЛЬФЕР, Я. М.: История и методология термодинамики и статистической Физики, Том I и II. „Выстая школа", Москва 1969 и 1973

За́левски, К.: Феноменологичеокая и статистическая термодинамика. Изд. „Мир", Москва 1973

ТОЛМЕН, Р.: Относительность, термодинамика и космология. Изд. „Наука", Москва 1974 (Original: Relativity, thermodynamics and cosmology von R. C. Tolman, Clarendon Press, Oxford 1963)

ФЭРМИ, Э.: Термодинамика. Изд, Харьковского университета Харьков 1969 (Original: Thermodynamics von E. Fermi, Prentice-Hall, Inc. New York 1937)

ЧЕРНа́вская, Н. М., и Д. С. ЧЕРНа́вский: Периодические явления в Фотосинтезе. Успехи физических наук **72** (1960) H. 3, 627–652

ЧЕРНа́вский, Д. С., и Н. М. ЧЕРНа́вская: О колебаниях в темновых реакциях фотосинтеза, Труды всесоюзного симпозиума по колебательным процессам в биологических и химических системах Пущино-на-Оке, 21–26 марта 1966г. Изд. „Наука", Москва 1967

Sachverzeichnis

MIX
Papier | Fördert
gute Waldnutzung
FSC® C083411

Zeitfracht Medien GmbH
Ferdinand-Jühlke-Straße 7
99095 Erfurt, Deutschland
produktsicherheit@kolibri360.de